找对育儿方法的第一本书

First Year Baby Care

0~12月

［美］宝拉·凯莉 —— 著
Paula Kelly M.D.

逯洁 —— 译

长江出版传媒
湖北科学技术出版社

图书在版编目（CIP）数据

找对育儿方法的第一本书（0～12月）/（美）宝拉·凯莉著；逯洁译.-- 武汉：湖北科学技术出版社，2017.3
ISBN 978-7-5352-9165-3

Ⅰ.①找… Ⅱ.①宝… ②逯… Ⅲ.①婴幼儿－哺育－基本知识 Ⅳ.① TS976.31

中国版本图书馆 CIP 数据核字 (2016) 第 247703 号
中国版权保护中心外国图书合同登记号： 17-2016-356

First Year Baby Care: An Illustrated Step-by-Step Guide
Copyright:©2011 BY PAULA KELLY M.D.
This edition arranged with Atlantic Books Ltd.
through BIG APPLE AGENCY,INC.,LABUAN,MALAYSIA.
Simplilfied Chinese edition copyright:
2016 sunnbook Culture&Art Co.Ltd.
All rights reserved.

策　　划：	牛瑞华　齐　迹
责任编辑：	李大林　王　迪
封面设计：	颖　会
责任校对：	张波军　李　洋

出版发行：	湖北科学技术出版社
	www.HBstp.com.cn
地　　址：	武汉市雄楚大街 268 号出版文化城 B 座 13-14 层
电　　话：	027-87679468
邮　　编：	430070
印　　刷：	三河市华成印务有限公司
印　　张：	25
字　　数：	250 千字
开　　本：	700×930　1/16
版　　次：	2017 年 3 月第 1 版
印　　次：	2017 年 3 月第 1 次印刷
定　　价：	42.00 元

First **YEAR BABY** Care
|目录|

引言　/001

宝宝出生前　/004

第一章　新生儿

家庭的新变化　/013

宝宝的变化　/017

新生儿是什么样子的　/019

婴儿出生时可能出现的异常　/023

新生儿检查及流程　/031

新生儿的世界　/037

1 岁之内婴儿的条件反射　/041

第二章　宝宝的护理

如何抱宝宝　/047

换尿布　/054

尿布和其他必需品　/058

尿布处理方式的选择　/062

尿布的处理方式　/064

给你的宝宝换尿布　/066

用海绵为宝宝擦澡　/070

用浴盆给宝宝洗澡　/074

皮肤护理　　/078
宝宝的睡眠　　/083
安抚哭泣的婴儿　　/090
非进食性的吮吸　　/094
宝宝的衣服和鞋子　　/097
宝宝必备衣物清单　　/104
寻找日间托管机构　　/107

第三章　宝宝的喂养

母乳喂养和配方奶粉喂养　　/120
母乳喂养的基本知识　　/125
哺乳妈妈的需求　　/140
哺乳的姿势　　/144
断奶　　/149
配方奶喂养的常识　　/152
冲调配方奶粉的步骤　　/159
如何用奶瓶喂养　　/161
用奶瓶给宝宝喂奶　　/163
停止使用奶瓶　　/165
拍嗝和吐奶　　/167
拍嗝的方法　　/169
添加辅食　　/171
在家自制辅食　　/182

第四章　宝宝的安全

在家里安装儿童安全防护设施　　/190

宝宝的专用设备　/202
　　保姆　/226
　　带宝宝去旅行　/231

第五章　宝宝的生长发育

　　出生~2个月　/239
　　3~5个月　/242
　　6~9个月　/245
　　10~12个月　/249
　　1岁以内的玩具　/252
　　宝宝的练习操　/258

第六章　宝宝的健康护理

　　宝宝的健康体检和疫苗接种　/265
　　临床症状索引　/279
　　痤疮（新生儿）　/283
　　过敏反应　/285
　　呼吸或心脏骤停　/288
　　心肺复苏术的详细步骤　/291
　　毛细支气管炎　/294
　　婴儿窒息　/297
　　窒息的急救步骤（1岁以内）　/299
　　感冒（上呼吸道感染）　/301
　　肠绞痛　/304
　　脑震荡/脑部受伤　/307
　　小儿便秘　/310
　　小儿惊厥/抽搐（全身或一段时间痉挛）　/313

咳嗽 /316

乳痂（脂溢性皮炎） /319

交叉眼（斜视） /321

格鲁布性喉头炎 /323

脱水 /326

尿布疹 /329

腹泻 /332

耳部感染 /335

湿疹（过敏性皮肤炎） /338

扁头症（头颅畸形、体位性扁平颅、斜颈） /341

食物过敏 /344

胃食管反流（GER）以及胃食管反流症（GERD） /347

听力丧失 /351

痱子/晒斑 /354

中暑 /357

脓包病 /360

流行性感冒（流感） /362

昆虫等动物或人类的咬伤 /365

脑膜炎 /368

红眼病（结膜炎） /371

肺炎 /374

中毒 /376

玫瑰疹 /379

婴儿猝死综合征（婴儿猝死或摇篮死） /381

出牙 /384

鹅口疮 /387

尿路感染（UTI） /389

呕吐 /391

| 引言 |

  初次晋升为父母,应该是人生中最激动人心的经历之一,同时也是最具挑战性的经历之一。在宝宝出生后的第一年中,本书会在新生儿父母最需要的每个时刻引导他们完成任务。希望书中介绍的技巧及育儿指导能让你游刃有余地护理宝宝。

  如今,大多数的新生儿父母在婴儿出生后,只会在医院或生育中心住很短的时间。他们并不完全依赖医院和生育中心来教给他们所有的关于新生儿护理的知识。很多医疗健康机构提供的新生儿课程能提供许多帮助,但是,如何能让自己的宝宝健康而安全地成长,依然让许多父母感到困惑和焦虑。

  本书的宗旨就是要帮助填补这个空白。作为一名儿科医生,我发现新手父母在婴儿护理方面经常提出类似的问题:他们担心各种日常问题,例如如何给婴儿洗澡,或者如何在家里

安装婴儿防护设施;还有一些比较复杂的问题,比如寻找合适的日托所,监测孩子的生长发育以及照顾患病的宝宝等。我们参照最新的研究成果和医学建议以及很多父母们的经验智慧——更新完成了如今这本《找对育儿方法的第一本书》(0~12月)。

第三版融合了前两版中易于掌握的理论知识,书中引用了更多的实际案例。在这本书中,你仍然可以看到本书最具特色之处:每个步骤的详细图例解析指导以及护理和喂养宝宝并让他们保持安全和健康的操作方法,并且加入了各种各样育儿话题的最新知识,从母乳喂养、睡眠和添加固体食物,到购买婴儿服饰,选择最好的日托所以及带着宝宝一起旅行。我们还在每个主题中添加了关键因素,如营养和接种疫苗,而且还为忙碌的(或困惑的)新生儿父母介绍了新的信息来源(包括可靠的网站),帮助他们更好地扮演自己的角色。

宝宝出生后的第一年,将是对父母意志的考验,同时也会给父母带来极大的欢乐。我希望这本书能帮助你们迎接挑战,并且好好享受家庭新生命到来的那种喜悦。

宝拉·凯莉,医学博士

| 宝宝出生前 |

孩子出生前,你有大量的准备工作要做——起名字、布置婴儿房、添置物品。虽然如此,但是接下来介绍的这些任务可能才是最重要的,因为,这些任务在宝宝出生前和出生后都会对他和你的健康很有帮助。

照顾好自己

先天出生缺陷是导致婴儿死亡的主要原因。在整个孕期好好照顾自己,有助于避免出生缺陷的发生。你需要做的事情如下。

- **营养要全面**。5种主要的食物群里,尽量在每个食物群中都食用推荐数量及种类的食物,争取让自己的饮食多样化;每天至少饮用8杯水;食用适量的盐分。咨询主治医生是否需要摄入孕期综合维生素,来保证你摄入基本的营养物质、矿物质及维生素——尤其是钙、铁和叶酸[1]。你也需要增加 Ω-3 脂肪酸及维生素 D 的摄入，来促进宝宝大脑和眼睛得到最好的发育，同时强健宝宝的骨骼和牙齿。避免食用含汞的海鲜、生鱼片及贝类、糖精、未经高温消毒的牛奶和奶酪以及午餐肉，并咨询主治医生是否有其他需要控制或避免的食物。减少咖啡因的摄入。

- **定期做产前检查，确保你接受了推荐的孕期血液测试和超声检查。** 主治医生将为你进行糖尿病的筛查，并在孕后期检查是否出现 B 族链球菌 (GBS) 感染。B 族链球菌是最常见的导致新生儿血液和大脑感染的原因。若有感染，生产前服用抗生素可以有效地防止传染给胎儿。

- **确认你目前接种过或应该接种的疫苗。** 尤其是风疹疫苗（又称德国麻疹）。在怀孕早期感染这种疾病，将导致宝宝产生严重的心脏、视力和听力问题。

- **留意你在孕期可能会接触到的所有疾病。** 包括：传染性红斑（由微小病毒 B19 引起）、鸡痘（水痘）和巨细胞病毒（简称 CMV）。虽然有些病毒不常见，但是有可能会给胎儿带来危害。

- **坚持规律的运动。** 与主治医生沟通，确定最适合你的运动形式以及运动量。

- **远离酒、香烟及毒品。** 这些都会影响胎儿身体及情感的发育。并且在服用处方药前，先咨询医生。

- **避免接触环境中的有害物质。** 比如工业厂房里，甚至是一些家用清洁用产品中含有的化学物质；不要饮用含铅量高或消毒剂含量过高的

---

[1] B 族维生素的一种，帮助减少先天性脊柱裂和其他出生缺陷的发生率。

水；还要避免接触垃圾箱及啮齿类动物的排泄物。猫和啮齿类动物的排泄物（分别含有弓形虫和淋巴细胞性脉络丛脑膜炎病毒）都与疾病有关，有可能导致胎儿先天缺陷、身体或智力发育迟缓或流产。

- 判断你和伴侣家族史中的危险因素。

选择正确的生产地点

在选择产前检查和生产地点的时候，要询问医院有关生产的政策及流程的问题，这有助于让你缓解情绪并做好生产的准备。询问他们的母婴同室政策（你是否可以在产后跟宝宝住在一起并进行母乳喂养），并了解他们的急救程序。虽然不太可能会发生什么不好的事情，但是如果你需要进行紧急剖宫产手术，又或者你的宝宝比预产期提前生产或生病，你肯定想要知道这个生产地点是否完全拥有抢救新生儿的能力并且为早产儿及生病的婴儿提供适合的护理场所。你一定要对你的主治医生及生产地点感觉非常舒心，这样你和你的宝宝才有可能得到最好的照顾。

有些父母会把他们对生产的目标和期望都列在生产计划里。你可以考虑与主治医生沟通创建一个自己的生产计划。

母乳喂养还是人工喂养

近年来有大量研究表明，母乳喂养对宝宝、母亲的健康以及全社会都是非常重要的。在北美洲已经再次流行起了母乳喂养，那里在过去几十年中都是习惯配方奶喂养。在这个新的世纪，对新妈妈来说，以上两种观点都是可选的。详见第三章中对母乳喂养和配方奶喂养的全面讨论。

在孩子出生前，你最好就决定喂养方式。出生前就决定，可以给你充分的时间去借或者购买所需的物品（比如吸奶器还是奶瓶）。而且，如果你选择母乳喂养,要安排时间参加母乳喂养学习课程,并建立母乳喂养的协助方案。

如果你计划进行母乳喂养,在医院或生育中心时,你的宝宝需要"在房间里"或者尽可能多地跟你在一起。有的医院有"宝宝友善"的特别设计,并声称他们会恪守承诺让母亲和宝宝尽可能多地待在一起。将你的母乳喂养计划和预期清楚地告诉分娩时的工作人员。如果是剖宫产,你或许不能在手术后马上进行哺乳,但是你可以在身体恢复后尽早开始。

了解新生儿检查及程序

出生后,主治医生会为新生儿进行全面检查并进行各种测验来评估他的健康程度(详见第一章"新生儿检查及流程")。一旦通过了这些常规检查程序,或许可以让你对事先讨论过的那些担忧和质疑感到放松。

有一个你需要事先考虑的程序就是脐带血的采集。可以在胎盘一侧脐带剪断之前预先从脐带内采集脐带血样本。脐带血中的干细胞可存入公共血库供家人或者陌生人使用(详见第一章"新生儿检查及流程·脐带血库")。

决定是否接受包皮环切术

你如果怀的是男胎,关于是否接受包皮环切术,你或许希望能够权衡利弊,并且在他出生前征求医生的意见。包皮环切术是一项外科手术,要割去一部分阴茎顶部包紧的皮肤(包皮)。这项手术会由经验丰富的专业医生操作,通常会在婴儿离开医院或者生育中心之前完成。

包皮环切术是一个有争议的话题,其必要性问题已在过去的几十年里被不断质疑。长期的信仰认为包皮环切术是有潜在的医疗益处的,比如它能够降低尿路感染、阴茎癌以及一些性传播感染的风险,包括人体免疫缺损病毒（即艾滋病毒HIV）。在2007年，世界卫生组织（WTO）以及疾病控制中心（CDC）发表声明，男性进行包皮环切术可有效地降低在阴道内性交过程中感染HIV的风险（虽然这只是某种程度上的保护，并不能取代其他预防性干预措施）。

进行包皮环切术的其他原因是源于宗教传统（如犹太教的割礼）、社会风俗（比如进行过包皮环切术会后让许多男孩看起来更像男人）以及文化信仰（有些人认为包皮环切术更加卫生）。

那些反对包皮环切术的人们相信，它的风险超过了潜在的益处。例如那些与手术相关的风险，包皮环切术的潜在风险包括疼痛、感染、出血、残缺、影响母乳喂养及死亡（极少出现）。而且，有些人担心进行包皮环切术后会影响性快感和功能。

美国儿科学会（AAP）在这个问题上一直保持中立，建议父母们了解实情后作出最适合自己家庭的决定。他们曾发表声明："现有的科学证据表明，进行包皮环切术有一定的潜在医疗益处……但是，所有男婴的父母都应该全面了解这种技术，并和医生进行充分的讨论之后再作选择是否进行该手术。"在胎儿出生前向主治医生咨询包皮环切术的利弊，自行研习课题。同其他男孩子的父母讨论关于包皮环切术的感受。在你作决定前要仔细考虑尽可能多的信息。

如果你决定为孩子进行包皮环切术，美国儿科学会建议在进行手术前使用镇痛剂来减缓疼痛。这是通过在阴茎的根部注射麻醉药物来进行的。为了在手术中有助于减轻疼痛，可能会采用口服糖溶液。早产儿、病患儿和阴茎发育不正常的新生儿不能做包皮环切术，因为出血和感染的问题出现的概率较高。同时，如果你有容易出血的家族病史，一定要提前通知主治医生。

如果你决定让宝宝的阴茎维持原样，也不必担心他是特例。在美国，只有不到60%的新生男婴接受了包皮环切术，而且近几十年中不接受包皮环切术的男婴数量也在稳步攀升中。在世界其他国家，不接受包皮环切术的男婴远比接受手术的人要多。

仔细考虑家里的健康护理

因为很多家庭在孩子出生后都会在短时间内回到自己家里，所以很多父母认为他们的孩子应该在回家的最初几天内得到婴儿健康护理。新生儿黄疸、脐带护理、皮肤护理和喂养问题都是常见的令人担忧的问题。如果你希望得到一些专业的产后协助，可以考虑在离开医院或者生育中心后马上请一位家庭健康顾问。经过产妇及新生儿常识训练的护士可以帮你照顾宝宝，并适时为你提供所需的进一步医疗护理的建议。有些医疗保险可涵盖所有的或者一部分费用，查看一下你是否有这样的保险项目。其他有帮助的专业人士，如催乳师，能帮助你学会母乳喂养；还有产后护理师，主要是一些受过训练的非专业人员，可以帮助照顾你和你的家人，这样你就可以专心地照顾你的宝宝。

建立协助方案

产后，你会发现跟宝宝形成了一个新的世界。你会经历身体和心灵上的双重改变，还有与日俱增的责任感，这可能会让你觉得不堪重负。从喂养、给宝宝洗澡到清洁厕所，希望把每件事情都做到完美，这样只会增加你的压力。

千万别让自己独自一人冲锋陷阵。在孩子出生前安排好可以帮忙的人并确定你的协助方案，可以确保你能够掌控并享受小生命刚出生那几周的时光。现在就想一想你将需要哪些帮助吧。比如，你可能需要：

- 指导你学会婴儿护理的人，包括母乳喂养、洗澡、抚慰等。
- 帮助做家务的人，如做饭和洗衣服。
- 去定期检查、杂货店或药店等地方的接送服务。
- 陪伴。

在你需要的时候随时请求帮助，这时候不需要任何矜持。而且要随时谨记这个建议：对任何一个可靠的能帮助你的人，不论是能帮忙照顾孩子让你抓紧时间洗个澡，还是能开车带你去一趟杂货店，照单全收！

> 如果你的孩子是早产儿或者有意料之外的其他问题，比如发热或黄疸，确定你清楚地了解相关的特殊护理和喂养的要求。

凡事从实用出发

分娩之前，请确定你已经借来、买到或者得到了尽可能多的婴儿物品，因为带着新生儿出门购物或者远行非常麻烦。在本书中，你能了解到很多常识和新的育儿信息，来帮你做出安全、明智的选择，这将是你为人父母前最好的准备。在第二章"尿布和其他必需品"中，你会找到选择和使用哪种类型尿布的技巧。第三章"宝宝的衣服和鞋子"部分有如何为新生儿穿衣服的建议。第四章"宝宝的专用设备"中，你会看到关于配备婴儿床的知识，你还将了解到需要为宝宝购买什么装置及应该什么时候购买。关于汽车安全的事项也在这一部分，要在宝宝出生前正确安装经过认证的汽车座椅。

FIRST YEAR BABY CARE

第一章 新生儿

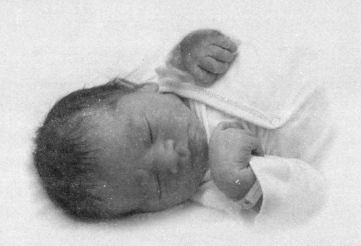

如果是第一次做父母,你可能会花费大量的时间去了解妊娠和分娩的知识,并且担心自己要如何承受阵痛和分娩。你渴望用双手拥抱健康的宝宝。关于怀孕和分娩的记忆不会那么快就忘记(事实上,你会想把生孩子的整个细节都讲给每一个愿意听的人)。但是在孩子出生的那一刻,你将意识到分娩仅仅是为人父母的开始而已,并非单单意味着孕期的结束。

　　孩子出生后的第一年,充满了无数个神奇的第一次:宝宝绽放的第一次微笑,宝宝长出的第一颗牙齿,宝宝说出的第一个字、第一句话,宝宝迈出的第一步……宝宝将在你大量的呵护和关注下完成这些以及其他的第一次。一年之后,你将会为孩子的成长和改变感到惊喜万分(可能会比他生命中任何一年都多),而且你也会为自己作为父母所学到的知识而感到骄傲。

家庭的新变化

一个新生婴儿绝对会让生活变得完全无法预料。在安静地享用晚餐时,或者跟好久没机会做爱的老公耳鬓厮磨时,或者在跟好朋友进行非常重要的电话交流时,宝宝都有可能突然间需要你。这时你肯定会立刻开心地奔向他,生活里已经没有什么事情比安慰和照顾孩子更让你感到满足了。

如下是在新生命到来时你和你的家人需要做的一些改变。

为人父母

为人父母的意思是让你面对现实:因为这意味着你会几乎没有闲暇时间以及任性妄为的机会了。除非预先做好充足的准备,否则看场电影或者去饭店吃饭几乎是不可能的。也就是,你自己的一切安排都得围绕宝宝的作息规律安排时间,不能仅考虑你的时间。尽管你也会想知道自己能离开这个小东西多长时间。但离开宝宝走出家门的那一刻,你会发现自己心里想的、嘴里说的,完全都是跟他有关的话题。

如果你是跟伴侣一起照顾宝宝,一个新生婴儿会成为夫妻关系的考验——尤其是你们第一次做父母的话。对你们来说，好像一整天的时间都是在换尿布、喂奶，还有抱着宝宝摇晃和拍嗝。你会觉得跟其他人都失去了联系。你的丈夫甚至有可能因为你对孩子的关注而感到嫉妒和失落。等你们逐渐适应了父母的角色，就要好好经营夫妻之间的关系。记住：你们要互相支持！

如果你做妈妈时没有伴侣，开始的时候你或许会感到不堪重负，还可能会筋疲力尽，没有其他人来为你分担工作和挫折感（和欢乐），在进入新角色的时候或许会看上去困难重重。一定要安排协助方案。偶尔让家人和朋友帮忙照顾孩子，或者即使只能听听你的倾诉也能有很大的帮助。你也可以加入单亲妈妈的群体。

初为人母

在宝宝出生后的前几周，父母双方的情绪都会随着宝宝的状态起起伏伏，但是在产后的几天内，母亲会变得特别脆弱。缺少睡眠，激素的巨大变化，一次次的挫败感会让他们变得尤为沮丧。

对于有些母亲来说，这些情绪只会是轻微的波动，而且在几周内就会消退（"产后忧郁症"）。合理的饮食，逐渐频繁的体育锻炼，宝宝睡觉的时候也一起睡觉，这样通常会有助于消除产后抑郁症。积极帮忙的家人、朋友和其他新晋父母，也可以帮助新妈妈的感觉恢复正常。

但是，也还有一些妈妈情绪波动极大，持续时间很长，有可能需要接受治疗。这些女士可能患有产后情绪障碍（PPMDs）或产后抑郁症。如果你感到精神抑郁或者担心周围有这样的人，请与主治医生进行沟通，他们知道如何能帮助你。

爸爸和家人

虽然初为人父的爸爸们和家里其他人并没有像妈妈们那样经历身心的巨变，但他们也会经历一系列情感上的变化。困惑、矛盾、恐惧、沮丧——这些都会是新晋爸爸们在面对他们的新角色时感受到的情绪，但他们也会对宝宝产生强烈的爱意。

跟新妈妈们一样，在家人、朋友的支持和其他父母的鼓励下，一切都会走上正轨。

家里的其他孩子

如果你已经有一个大点的孩子，不论你为大孩子做过多少关于婴儿降生的准备工作，他依然不会那么容易就接受自己不再是家里唯一的宝宝的事实。他可能会突然间希望再次被别人照顾，睡眠习惯也可能会改变，可能会重新开始吮吸拇指或者尿床。这些退化都是正常的，仅仅是他寻求被爱和被关注的方式，他害怕小婴儿会把他原有的爱和关注全部偷走。要让他感到安心，需要每天都花些时间和他单独相处（也要让你的配偶参与）。仔细倾听他对小婴儿以及家里发生的变化的感受。告诉他当大孩子的好处，比如可以选择想吃的东西，能去公园玩耍以及交很多的朋友。

> 现在，很多家庭已不是那种过去的传统模式——爸爸在外工作，妈妈结婚后就待在家里。很多妈妈会在产假结束后继续工作，反而越来越多的爸爸们选择全职在家里照顾孩子。很多单身的男士和女士想要感受为人父母的快乐，然后他们会选择去领养一个孩子，或者会通过人工授精的方式怀孕。越来越多的同性恋

伴侣变成了充满爱意的父母,而且这种重组家庭的数量也在逐渐攀升。

　　此外,并不是每个家庭出生的婴儿都是没有问题的。宝宝可能是早产儿或者有一些健康问题,比如他的体内会存在酒精或者街头毒品。他出生时可能存在基因或先天的缺陷,比如唐氏综合征或唇腭裂。

　　不论这个家庭是如何组成的,一旦小婴儿加入了这个家庭,每个家庭成员都应该保证为这个小婴儿提供一个充满爱的、安全的、健康的环境,因为他已经进入了我们日益全球化的社会。

宝宝的变化

在父母们调整自己以适应与新生儿带来的变化时一样，宝宝也必须努力地适应在妈妈子宫外的生活。出生时，不论是顺产还是剖宫产，对他们来说都是一种让人筋疲力尽的经历。事实上，在最初的危险时间过去后，大部分新生儿会沉睡 6 个小时左右。

下面列出了宝宝出生后会经历的其他变化：

- 出生时，婴儿的体重一般在 2.7~3.6 千克，身高为 45.7~55.9 厘米。一般来说，他的体重会在出生后的几天内减少高达 10%，然后在第 1 周结束时重新回到出生时的体重。
- 在子宫内时，胎儿通过脐带来吸收所有需要的营养，他不需要吞咽来消除饥饿。事实上，他并不知道什么是饿！出生后，他就有了吸吮反射，开始感到饥饿并知道他必须要有行动才能得到满足。
- 出生前，婴儿是不需要呼吸的。他通过妈妈的血液来获得氧气。出生后，他的体内循环变缓，而且他的呼吸也许缓慢而不规律（虽然他的心跳可能是每分钟 120 次左右）。他还会打喷嚏、喘息、打嗝和咳嗽。这些并不是感冒的症状，他只是在清除呼吸系统的黏液。
- 在子宫内的时候，羊水会为婴儿提供一个恒温舒适的环境。但是出生后，他的体温会急速下降。要为他保暖，可以让他趴在妈妈的胸前、腹部，再给他盖上毛毯或者小包被。（或者，也可以把他放在婴儿辐射保暖台里面。）
- 在子宫内时，周围的液体、血液和各种各样的组织为婴儿阻挡了来自外界的声音，而且他一直待在"黑暗中"。但是出生后，他们听到的声音高得多，还很清晰，而且他被直接暴露在明亮的光线下。出生前，他的睡眠和清醒的时间由自己控制，不会受白天的光线和夜晚的黑暗的影响。
- 出生前，婴儿随着母亲的运动被持续而轻柔地摇晃着，那让他感觉平静而安心。出生后，只有在其他人想起来的时候他们才能被这样对待。（这也是在婴儿哭闹的时候，轻轻地晃动能使他平静下来的原因。）

因为这些变化，在刚出生的几周内宝宝会花费大量的时间来睡觉，并以此来调整自己以适应新环境和新能力，就一点也不奇怪了。

新生儿是什么样子的

人们普遍认为新生儿都长得很可爱,其实不然。事实上,大多数新生儿都长得很奇怪。下面是一些关于新生儿典型特征的描述。

头、头发和脖子

按照身体的比例来说,新生儿的头很大——大约占身体 1/4 的长度——让他看起来非常的"头重脚轻",几乎或者完全不能控制头部。他的脖子很短,还有褶皱,由于颈部肌肉发育得不是很好,他的头总是直不起来,向一边倾斜。头顶可能看起来有点尖(这种"造型"是为了顺利通过产道而引起的头骨变形)。头会在出生后的几天内慢慢变圆。一层坚韧的薄膜保护着头部的两个柔软区域,这被称为囟门,这个部位的头盖骨并没有完全闭合(为了让大脑继续生长)。主治医生会通过测量宝宝的头围以及身高和体重,来监测大脑的发育和脑室(大脑内的流体室)的大小。前囟门是头顶前半部中央位置一个比较大的柔软区域,一般会在第 18~第 24 个月闭合。在前囟门的位置看到搏动并不是什么奇怪的事情。后囟门,在头顶靠后的位置，在第 6 个月左右会闭合。

新生儿以后会拥有或者能留住多少头发是根本无法预测的。有些婴儿会有很多头发，也可能一直都不脱发；有些婴儿根本没有头发或者只有很短的胎毛还会全部掉光，但是在大概 6 周之后会重新长出来，有时新长出的头发会是另一种完全不同的发色；有些新生儿有皱巴巴的头皮，这些头皮会随着宝宝长大变成正常的头皮；有些新生儿头皮上长着乳痂，也会慢慢褪掉。

脸

新生儿的眼睛大多是红色且凸出的，而且有的婴儿眼球里还可能看到破碎的血管。这是由生产时对他们的过度挤压造成的，或者是由出生后为了防止感染使用的药物（如眼药水）所致。肤色白皙的婴儿通常会有灰蓝色的眼睛，深色皮肤的婴儿通常是棕色的眼睛。6 个月之内可能还不会形成永久的颜色。有些婴儿从出生开始就有眼泪，但是大多数的婴儿要到 6 周左右才会有。

新生儿的鼻子扁平，鼻头较宽。在出生后的前 5 个月中，他都是一个"忠实的"鼻子呼吸者，也就是说他只能通过鼻子来完成呼吸。

偶尔会有婴儿出生时就有牙齿，被称为胎生牙。这些牙齿会在母乳喂养时带来疼痛和麻烦；主治医生或是牙科医生需要将胎生牙拔除。在子宫内吮吸的时候嘴唇上可能会出现水疱，这是很常见的，而且他们并不会感到疼痛。婴儿出生的时候上嘴唇的中间常常会有一小块发白的地方，这被称为"爱泼斯坦珍珠"（Epstein Pearl）。这也是很常见的，而且会在出生后的几周内自动慢慢地消失。

新生儿往往脸颊圆胖，而且还可能看不到下巴。

皮肤、指甲

新生儿的皮肤一般都有皱纹且松弛，在出生后的几天内，皮肤很可能会变得干燥然后开始蜕皮。他的身体可能还被胎儿皮脂包裹着，这是一种白色的蜡状的物质，可以让他在出生的时候顺利通过产道。他还可能长有胎毛，这种柔软的细毛会覆盖着他的肩膀、后背和脸颊，也会在几天内脱落。

出生后的几天内，胎儿肤色也会发生变化，从蓝紫色变成粉色再变成灰白色。非洲、亚洲或者地中海血统的新生儿，出生的时候往往肤色较浅然后逐渐加深。如果嘴唇、牙龈或嘴巴周围的皮肤颜色发蓝，有可能是组织内缺氧的表现，需要进行检查确定。

手指甲可能会长而锋利，生长迅速，由于新生儿缺乏运动控制能力，这样很可能会划伤脸部的皮肤（详见第二章"皮肤护理·修剪手指甲和脚指甲"）。

身体

新生儿的身体会自然蜷曲，腹部较大而臀部狭窄。出生后，剪断的脐带会被夹上金属或塑料的脐带夹。夹子有止血作用，然后在他离开医院或生育中心时会被摘掉。剩余的脐带根部会自动脱落。宝宝的主治医生、医院或生育中心的工作人员，都会告诉你应该如何护理脐带。孩子将来长"内陷的"或是"外凸的"肚脐，都取决于脐带自动愈合的过程，你是无法控制的。

不论是女婴或男婴，新生儿的胸部或者生殖器官都可能是肿胀的，而且乳头有可能会分泌一种乳状物质，这有时被称为"女巫之乳"。女婴的阴道可能会轻微出血或排出黏液。这可能是由于新生儿体内存在母亲的雌性激素导致的，大多会在数天或数周后消失。新生儿一般会在出生后24小时之内排尿或排便（详见第二章"换尿布"）。

有些婴儿出生的时候还会多长出乳头（被称为多余的或附属的乳头），或者在胸部或腹部正常的乳头线之下有多余的乳腺组织。这些都不需要担心。

胳膊

新生儿的胳膊是收缩蜷曲的。手掌普遍发凉并蜷曲成拳，由于循环系统尚未成熟，还可能会呈蓝紫色。手腕较胖还有褶皱。

腿

新生儿的膝盖是弯曲的，腿成弓形。像手一样，新生儿未发育成熟的循环系统可能会让双脚呈蓝紫色。新生儿的脚也会出现斑驳的颜色，由于脚底厚厚的脂肪垫，脚看起来较为肥胖。

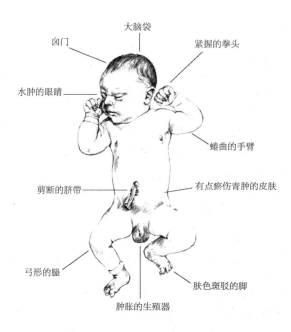

婴儿出生时可能出现的异常

即使是顺产的宝宝,也可能出现下面列出的一种或多种异常。这些异常或许在出生的时候出现,然后大部分会随着时间逐渐痊愈或消失。

胎记

有些胎记在出生时就会出现,也有一些会在出生后第 1 个月内逐渐出现。这是很常见的,不需要过多地担心。大多数胎记会在孩子五六岁的时候自动消失或褪色。

痣(斑)

痣一般都很小,呈深棕色或黑色,可能出生时就有,也可能随后逐渐出现。痣可以是扁平的,也可能是凸起的。很少有婴儿出生时就有巨大的痣,如果有的话需要让皮肤科医生进行检查。痣会随着孩子的长大而长大,但是也很少会长得特别巨大,应养成终身关注痣的生长情况的习惯,这样能够及时发现病变。

咖啡斑

"咖啡斑"通常是浅棕色的印记,也可能是与生俱来的。通常并不需要特别担心,但是如果长得特别大或者数量超过6个就需要进行检查。

血管瘤(血管畸形)

- **扁平的血管瘤("橙红色斑")**:通常被称为"天使之吻"或者"鹳吻痕",这种扁平的、粉色或大红色的斑块是最常见的胎记。通常都长在眼皮、前额、鼻梁,或者头部和脖子后侧。在宝宝大哭或者用力的时候,血管瘤的颜色也会变深,但是通常在几个月之内颜色就会渐渐褪去。
- **凸起的"草莓"胎记**:这样的胎记在出生时一般不太明显,但是会在第1个月内逐渐显现成红色突起的小点。在出生后的6个月内,这些小红点会迅速地长大,然后开始萎缩,最终在五六岁的时候消失。
- **葡萄酒色斑**:通常是形状不规则的深红色或紫红色斑点,有的颜色会变浅但不会完全消失。如果是长在眼睛或前额部位,考虑到潜在的健康问题,可能需要做进一步检查。
- **蒙古斑**:这些扁平的、黑色或蓝色的胎记一般出现在深色皮肤的新生儿身上,绝大多数在后背或臀部。这种斑块有的很大有的很小,大部分会在五六岁的时候消失。这些胎记看起来很像淤青,但不是外伤所致。

嘴唇水疱

婴儿不断地吮吸可能会使他们的嘴唇上形成水疱。别担心,这是很常见的,而且不会带来疼痛。

眼泪及泪腺阻塞

制造并分泌眼泪的泪腺系统（为保护眼球表面起到了非常重要的作用）在胎儿出生时大多不会发育完全，可能几个月后你的孩子大哭时才会出现"真正的眼泪"。有些婴儿出生时会有泪管狭窄症状，泪腺被阻塞而不能有效地分泌眼泪，这样会带来极度的疼痛，甚至眼睛会受到影响而产生分泌物。一般情况下，泪腺阻塞的地方会自动畅通。有时可以通过按摩泪腺（向主治医生询问要如何进行）或使用湿润的棉布清洁眼睛的分泌物来疏通。如果依然阻塞，在宝宝快1岁的时候可以进行小手术来打开阻塞。

锁骨骨折

顺产有时候会导致婴儿锁骨骨折。几周之内即使不进行治疗，锁骨也会自动愈合。在锁骨断裂的部位会形成一个小的肿块，这个肿块也会自动消失。如果新生儿锁骨断裂，大人在抱宝宝起身的时候要当心，不要弄疼宝宝。

髋关节发育不良

婴儿出生的时候可能会出现髋关节发育不良，包括髋关节不稳定或松弛。新生儿，尤其是女婴，曾经是臀位或者足位出生的宝宝有较高的发病率。这种情况会在第一次检查或者出生后的几天或几周内发觉。如果你有儿童早期髋关节问题的家族病史，一定要告诉宝宝的主治医生。在为宝宝体检时，主治医生会持续检查并进一步评估这个问题，如果有必要的话会进行治疗。

头颅血肿／头皮水肿

头颅血肿或头皮水肿是由于头皮下出血而导致的肿大。可能是存在瘀伤。形成原因一般是在婴儿出生时妈妈的盆骨挤压到头部，或者由胎头吸引器或被产钳拖出时弄伤。宝宝的头顶或者后脑勺可能会有一个或几个"大鹅蛋"，而且有的会变得很硬。这些大包会增加胆红素的分泌，也会是引起黄疸的重要原因，但不会引起其他问题。通常会在 1 周后自动消失。

粟粒疹（痱子）

粟粒疹，俗称痱子，是由于未发育完全或者被堵塞的汗腺所致，通常呈白色的坚硬突起，分布在鼻子、下巴和脸颊上。一段时间后会自动消失。

痱子通常为细小的粉色丘疹，分布在面部或者皮肤的褶皱内。如果你的宝宝出现痱子，多他用温凉的水洗澡，或用海绵擦澡，有助于让他打开毛孔。在被包裹的状态下出汗一般会容易引发痱子，所以，最好的预防措施就是让宝宝的皮肤保持干爽和凉快。

新生儿黄疸

新生儿黄疸很常见。这是由于新生儿的肝功能尚未健全，无法有效处理红细胞的代谢产物（胆红素），使得皮肤和眼球白色的部分出现浅黄色。新生儿出生时会带有大量的血红细胞，但是未成熟的肝脏代谢大量的血红素时速度非常缓慢。（通过肝脏后，血红素会经大便排出体外。）这种情况一般会在出生后几天内出现，并且会在肝功能代谢速度提高后逐渐消失（一般是出生 1 周后）。

如果在出生 24 小时内出现黄疸，或许是由于你和你的婴儿血型不同所致，需要进一步检测以及积极的治疗。发生黄疸后，你的宝宝将留在医院或生育中心做进一步检查。黄疸的出现一般是按从头到脚的顺序。身体出现的黄疸指数越低，胆红素的指数越高。

由于黄疸常常在婴儿离开医院或生育中心后出现，宝宝的主治医生需要连续几天为他检查，看看是否有黄疸出现的征兆。有时，主治医生会通过血液测试来检测新生儿黄疸的水平。大多情况无需进行治疗。父母只需要好好喂养宝宝，经常排尿和排便，并仔细查看是否有情况恶化的征兆（比如皮肤和眼白的部位黄色加深，宝宝开始高声哭泣，或者宝宝变得不爱动或烦躁）。如果黄疸一直持续或加重，新生儿可能需要用一种特殊的毯子包起来，或者放在特殊的灯光（蓝光）下来降低胆红素指数。"蓝光"是一种特殊波长的光线，已经被证实可以用来加速胆红素的代谢。透过未着色的玻璃间接接受阳光的照射也可以加快胆红素的代谢。虽然很少见，但是如果黄疸未被治愈也可能会导致听力损伤、智力缺陷以及行为问题。

比起配方奶喂养的婴儿，虽然母乳喂养的婴儿更容易有黄疸，但也不能因此而中断母乳喂养。有研究结果表明，婴儿会由于母乳摄入量不够而导致体内缺水，摄入不足的原因要么是由于吮吸困难，要么是母乳量不足。不论是哪种情况，增加母乳喂养的次数并寻求帮助应该可以增加婴儿对母乳的摄入量。有时候当母乳影响胆红素的代谢时，也会出现母乳性黄疸。这种黄疸通常会逐渐消退，但是母乳喂养的婴儿会连续几周都有轻微的黄疸。这种情况几乎是无害的，绝大多数主治医生都会建议妈妈们继续进行母乳喂养，虽然主治医生有时也会建议妈妈们暂停一到两天母乳来降低胆红素水平。这样的话，妈妈们需要用吸奶器把母乳吸出来以保持正常的母乳分泌（详见第三章"母乳喂养的基本知识·吸奶"）。

新生儿皮疹

出生后的几天内，很多新生儿都会出现一种常见的皮疹，被称为新生儿中毒性红斑。这些斑块或丘疹经常出现在胸部、后背或面部，并且无需治疗就会消失。

另一种良性的新生儿皮疹是新生儿暂时性脓疱性黑变病。产生的小水疱会变干然后脱落，留下像雀斑一样的印记。

在出生后1周内，婴儿的皮肤一般会变干，裂开，然后脱落。皮肤将会自动修复。

麦凯斯菱（腰窝）

婴儿在臀部顶端或者褶痕下面有凹陷也是常见的。这种凹陷一般很浅而且无关紧要，但也可能是脊柱或脊髓潜在发育问题的征兆。医生会告诉你是否需要进一步检查。

疝气（腹股沟）

腹股沟疝气的形成是由于腹腔内膜或内壁有小面积破损，以致肠道的一部分向外突出——男婴向阴囊（睾丸囊）方向，女婴向腹股沟方向。这在早产儿和男婴中非常常见。一侧或两侧的腹股沟或阴囊出现异常肿大，而且当婴儿大哭时由于内压增大还可能会进一步肿大。通常会进行手术来防止肠道被卡住、肿胀或在腹腔外扭曲。

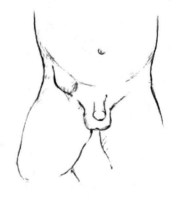

疝气（脐带）

有些婴儿脐带附近的腹部肌肉组织有间隙，被称为脐疝气。尤其是在婴儿哭泣导致内压增加时，腹腔内膜可能会向外凸出。绝大多数情况下，这种肌肉的间隙会慢慢地自动愈合。不需要刻意地保护内膜的进出。

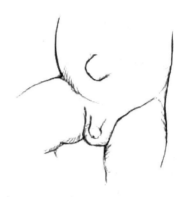

阴囊积水（鞘膜积液）

阴囊积水是指男婴的睾丸附近由于液体过多而肿胀。阴囊积水跟疝气类似，睾丸也会肿大。要确定宝宝是患有阴囊积水还是疝气，主治医生需要做透光试验。如果阴囊发亮，说明肿胀部位里面是液体，而不是肠道。主治医生也可以继续观察，阴囊积水一般会在1岁之内自动消失，无需进行治疗。

尿道下裂

有些男婴出生时阴茎排出尿液（尿道或导管）的位置在阴茎的下侧，而不是顶端。一般需要随后施行矫正手术（手术大多在婴儿第12～第18个月进行）。这些男婴不可以进行包皮环切术，因为包皮组织还需要留着进行手术。

隐睾症

通常，男婴的睾丸在出生前就应该落入阴囊内，而且在出生时就能看到。但是，有些男婴出生时一侧或两侧的睾丸还未落入阴囊，而在较高的腹股沟内或还在腹腔内。如果睾丸无法自动落入阴囊，则需要在 1 岁或 2 岁的时候进行手术。

足部畸形／腿部弯曲

由于新生儿在子宫内的位置导致足部出现扭转、畸形或"内八字"，都是很常见的。这种情况（也被称为脚趾朝内）通常在 1 岁之前会自动恢复。大多数主治医生不建议在 1 岁之内接受治疗，除非另一只脚也畸形。如果双脚僵硬，或走路时仍无法伸直，或者还存在骨骼畸形，就可能需要进行外翻或者手术治疗。

舌系带过短

之所以会有这种症状，是因为新生儿的舌头与口腔底部连接的捆绑组织（小系带）会比正常的短而且紧绷，从而限制了舌头的灵活性。在极少见的情况下，如果影响到吮吸，可能会建议切开小系带进行矫正。

腕关节损伤

新生儿在宫内吮吸手腕可能会导致腕关节损伤。一段时间后会自动愈合，无需治疗。

新生儿检查及流程

由于各种原因，新生儿需要在医院或者生育中心进行一系列的检查。有些检查和流程是要在婴儿出生后立刻进行的，有些则会在出院前，婴儿的情况稳定后进行。对于这些例行程序的检查不需要过于紧张。

擦干身体以及皮肤和皮肤的直接接触

如果你的宝宝是顺产，在出生后他会被立刻擦干并放在你的腹部上。这种皮肤和皮肤的直接接触可以为婴儿保暖，也可以让宝宝开始与母亲的亲密接触。如果你计划进行母乳喂养，这是开始的绝佳时刻。在很多医院，你可以在抱着宝宝的同时为他做检查。

如果你施行了剖宫产，你的宝宝将会在你伤口缝合的时候被医护人员擦干。当医护人员清洁好他的嘴巴和鼻子，进行必要的检查后，宝宝就可以趴在你的肚子上与你进行皮肤和皮肤的直接接触了。如果你感到非常疲惫，你的配偶可以抱着宝宝跟他进行皮肤接触。你可以在恢复体力后开始与宝宝建立亲密关系并开始母乳喂养。

脐带结扎

出生后,脐带仍然与胎盘相连。由于脐带还在继续给宝宝提供氧气,因此还可能出现规律的搏动,然后宝宝将准备开始他的第一次呼吸。一旦你的宝宝开始自主呼吸,脐带将被夹紧然后剪断。脐带夹将在1天或2天后,脐带干瘪后取下。残留的脐带将在接下来的几个星期内自动脱落。

脐带血库

可以预约采集脐带血样本,在脐带与胎盘连接的那一侧剪断之前进行采集。脐带血含有原始的早期红细胞(干细胞),可以放置在预先准备好的容器中存放在脐带血库。在这里,红细胞可以被分隔开进行低温保存。在美国,国家注册成立的有私有盈利性的以及公有的非盈利性的脐带血库。如果你的家人或者亲戚生病需要进行骨髓移植治疗,建议申请安排在私有的脐带血库保存,没有这个需要的话,美国儿科学会(AAP)则不建议由私有的脐带血库采集并保存脐带血。你或许会考虑将脐带血送去公有的血库,但是要注意,这样的话脐带血不一定能为你的宝宝专门保留使用。

眼部护理

婴儿通过产道的时候,他的眼睛可能会感染母亲携带的病毒。有些病毒会导致失明,所以,为了避免这样的结果,主治医生一般会给新生儿的眼睛使用眼药水或者红霉素软膏。

注射维生素K

出生后不久,主治医生将为你的宝宝注射维生素K,以提升宝宝的血液凝结能力。这次注射是为了在宝宝可以自身分泌维生素 K 前，预防因维生素缺乏导致的新生儿出血症。

阿普加评分

出生后，主治医生会为宝宝立即进行阿普加评分（如下），测试结果也表示了宝宝的健康程度。主治医生将检查宝宝的心率、呼吸能力、肌肉张力、刺激反射（或回应）以及肤色。主治医生会在这 5 个部分记录 0~2 的得分，第一次在出生后第 1 分钟，第二次在出生后第 5 分钟。不要过度关心宝宝的表现，满分 10 分的成绩是不常见的，7 分以上就很好。即使分数很低也很少会带来危险。

标记	0	1	2
心率	无	慢（一分钟低于 100 次）	一般（一分钟高于 100 次）
呼吸效果能力	无	慢，不规则	好，哭喊
肌肉张力	柔软、松弛	四肢稍有弯曲	积极，有无意识的动作
刺激反射（对鼻孔内的球状注射器或导管的反应）	无反应	有痛苦表情	咳嗽或打喷嚏
肤色	青紫、苍白	身体粉红色，四肢末端出现青紫	全部为粉红色

身份证明

出生后不久，为了证明宝宝的身份，护士将为你和宝宝戴上手环或标签，采集宝宝的脚印。

新生儿检查

一般而言，主治医生会在宝宝出生后 24 小时内进行全身检查。如果住院 1 天以上，你的宝宝将会在回家前进行全面检查。检查将是你提出疑问和学习的一个绝佳机会。主治医生将从头到脚检查宝宝的胎记，检查他的双眼以确定没有白内障，倾听他的心跳，感受他的脉搏，测试他的髋关节发育问题，检查他的反射能力（详见第一章"1 岁之内婴儿的条件反射"）以及检查那些通过他柔软的肌肤可以抚摸出来的内脏器官。通过这些检查，医生可以获知宝宝的真正胎龄，来判断你的宝宝是早产儿还是过期产儿。

乙型肝炎疫苗接种

乙型肝炎是一种严重的肝脏疾病，而且会导致肝硬化或肝癌。自从 1991 年开始接种疫苗以来，儿童被感染的百分比下降了 95% 以上。在美国，疫苗接种的指导方针表明，宝宝需要在出生时接种第 1 针，第 2 个月~1 岁之间接种第 2 针，第 18 个月~6 岁之间接种第 3 针。如果母亲的乙型肝炎检测结果呈阳性，则宝宝需要多接种一针（乙型肝炎免疫球蛋白）。与宝宝的主治医生沟通咨询。

血液筛查

主治医生将为你的宝宝检查几种没有明显征兆但是会引起严重后果的疾病，将在宝宝出生 24 小时后采集足跟血样本，然后送去实验室进行检测分析。

如下列出的是可筛查发现的最常见的疾病：

- **苯丙酮尿症（PKU）**：12000个婴儿中会有一个患有苯丙酮尿症，这是一种遗传性疾病，将导致身体不能正常地消化吸收蛋白质。健康的父母也有可能遗传给孩子苯丙酮尿症。如果不接受治疗，将会导致宝宝智力低下以及器官的损伤。患有苯丙酮尿症的新生儿不能食用母乳（即使是摄入非常少量的母乳也必须经过主治医生的许可）。相反，他们需要食用苯丙氨酸（这部分蛋白是其身体无法消化的）含量很低的特殊配方奶粉来代替母乳。

- **半乳糖血症**：这种遗传性疾病表现为身体无法正常吸收牛乳乳糖（乳糖），会导致大脑迟钝、白内障以及肝脏的扩张。没有显性疾病症状的父母也有可能遗传给孩子，发病率为1:50000。患有此病的新生儿不能食用母乳，必须食用不含乳糖的配方奶粉。

- **甲状腺功能低下**：这种疾病的患病概率为1:4000，会导致生长困难、智力障碍以及嗜睡。甲状腺的缺少会导致甲状腺功能减退，这是可以用激素治疗治愈的。

- **先天性肾上腺皮质增生症**：这种疾病是一种遗传缺陷导致的激素分泌失衡，患病率为1:15000。这种疾病会导致性发育问题、激素分泌问题。如果没有使用可替代的激素治疗的话，还可能导致死亡。

- **血红蛋白病**：这种疾病会导致红细胞的变化。镰状细胞贫血病是最常见的血红蛋白病，会导致贫血症（血红细胞数量低）以及其他严重问题。镰状细胞贫血病的主要患者为非洲、地中海、印度或中东血统，但是其他人也可能被感染。这项检查也可以检测其他形式的血红蛋白病。有些病症治疗时需要医疗手段的介入，然而还有其他病症不需要治疗。

- **其他代谢障碍**：筛查测试也可以检测其他疾病，包括囊性纤维化和其他代谢问题，如枫糖尿病、生物素酶缺乏以及脂肪酸氧化障碍。

新生儿听力筛查

美国儿科学会（AAP）建议所有的新生儿在离开医院或生育中心前都要进行听力筛查。在 1000 个儿童中有 1~6 个儿童会患有严重的听力障碍，患病儿童进行筛查检测也不会有任何危险。失聪的新生儿建议从出生后第 6 个月开始进行医学介入治疗。主治医生可以采用如下两种方式测试宝宝的听觉：

- **听性脑干反应（ABR）**：用于测试检测大脑对声音有什么反应。
- **耳声发射（OAE）**：用于测试内耳产生的声波。

两种方法都很快（5~10 分钟）、无痛、无伤害性，需要在宝宝睡觉或安静躺着时进行。如果你在回家前没有拿到检测结果，要给主治医生打电话确认结果如何。如果你在医院的时候没有对婴儿进行听力筛查，你应该在他满 3 个月之前完成测试。详见第六章"听力丧失"关于可能会造成听力丧失的预警征兆。

新生儿的世界

以前研究者都认为，新生儿天生就很被动，而且对环境不感兴趣。今天，他们了解到新生儿是非常积极的，对世界的感知力接近于成年人，而且在某些方面还优于成年人。如下是对新生儿感觉和能力的简要描述。

触觉

出生前，胎儿感知子宫里的环境，更多的是依赖触觉。出生后，新生儿的触觉依然非常敏感，可能比成年人还要敏感。他能够察觉到接触的材料或温度的细微变化，而且他喜欢温暖、柔软的感觉，身体的前侧则喜欢受到持续的压力，被襁褓包裹起来或者父母的怀抱都能够让他感觉平静，而且轻轻地、温柔地按摩也可以让宝宝感到宽慰和舒缓（详见第一章"如何抱宝宝"）。

> **亲密育儿法**
>
> 亲密育儿法是一种哲学观点，它支持孩子与父母形成紧密的关系，并培养他们终身的情感发育和幸福感。出生时的亲密接触、母乳喂养以及与宝宝相伴而眠，都是这种哲学观点的一部分。其他详细信息，请参阅国际亲密育儿网站 http://www.attachmentparenting.org/.

- 出生几周内父母和宝宝之间亲密的身体接触，能够提升新生儿的幸福感，并且有助于他形成几年后都可以受益的行为模式。母乳喂养可以在孩子出生后几分钟或者几小时内开始，让妈妈和孩子形成亲密的关系。拥抱、亲吻、抚摸、大量的对视和皮肤的直接接触以及其他方式的深情互动，都是父母双方开始与新生儿建立亲密关系的好办法。正因为亲密接触如此重要，许多医院和生育中心都有轻松的管理制度，以便不去打扰这种亲密关系的形成。在你选择生产地点的时候，向主治医生咨询是否可以母婴同室。

视觉

虽然新生儿出生时就能看见东西，但他们能看清东西的最佳距离是 20.3~30.5 厘米。这是在哺乳和怀抱的时候，婴儿的脸和妈妈的脸之间的距离。大于这个距离的话，新生儿只能看见光亮和东西的移动，而且很多新生儿还是内斜眼，这是幼儿早期很常见的问题（详见第六章"交叉眼"）。

新生儿的眼睛可能会捕捉到左右缓慢移动的物体，而看上下移动的物体就比较困难。在婴儿将近 2 个月大时，他们就可以看到任何方向缓慢移动的物体了。如果你对宝宝的视力有任何顾虑，就请主治医生来检查视力。但是，内斜眼在前两个月内都是很常见的。

新生儿对观察这个世界有着无限的乐趣。他们经常会在吃奶的时候停下来盯着某个东西看，尤其是有形状的而且颜色鲜亮、对比度强的东西。紧接着，比起其他的物品，他们会更喜欢看人的脸。（对于新生儿来说，任何一个看起来有发迹线、眼睛和嘴巴的圆形都可以被看作人脸。）

听觉

大多数婴儿出生的时候听力都很好。在出生 10 分钟后，婴儿就可以根据声音判断方位，而且他看起来更喜欢高声调的以及有韵律的、柔和的声音。大声的噪音会让新生儿感到恐慌或让他不停地扭动。他似乎对持续 10 秒钟以上的声音才会有回应。有时，某个声音会让他觉得异常兴奋，以至于他会停下吃奶而更多地去关注这个声音。

美国很多州都要求医院和生育中心在新生儿出生不久就为其测试听力。父母会在回家之前拿到测试的结果。（如果没拿到，向他们询问。）如果你对孩子的听力有任何顾虑，请咨询主治医生（详见第六章"听力丧失"）。

嗅觉和味觉

研究者们对新生儿的嗅觉和味觉知之甚少，主要是因为想要辨别新生儿是否能区分不同的气味和味道非常困难。恶臭会让新生儿觉得厌恶。而且，新生儿似乎会对甜的、酸的以及咸的东西有所反应，也能区别出没有味道的、有点甜味以及非常甜的水。

智力

婴儿出生时都有强烈的、辨别周围环境的兴趣。他们会选择注意一个物体而忽略其他的。很快，他们就能够把触觉、视觉和听觉有意义地结合起来。

最初，新生儿的记忆力很短暂，如果一个物体在两秒半之内没有重复出现，他就不会再记起。他会以同样的方式应对不同刺激的反应，例如吮吸手指，但是他常常会对环境的变化做出全身的反应，比如温度的降低。

社交能力

虽然婴儿只能意识到人的存在，但是他们对人充满着好奇。他们渴望与其他人有眼神、语言以及身体上的接触，特别是他们的父母。出生1周左右，新生儿可能会认出父母的声音。2周左右，他们可以通过视觉认出父母。1个月大的时候，他会对父母和其他人做出不同的反应。有些婴儿睡觉或醒着的时候会露出笑容，虽然这看起来像是无意识的行为。

1岁之内婴儿的条件反射

新生儿的条件反射,是他对外部的或者内在的刺激产生的无意识的、自动的回应。这些条件反射正在为智力的发展添砖加瓦,也为身体的协调能力奠定基础。有些反射,例如抓握和踏步,消失或"藏到下面"只会在他们能够有意识地控制行为后再次出现。宝宝的主治医生将检测这些反射,以确定他拥有健全的神经系统。

颈紧张反射

反射类型	如何激发	行为描述	出现/消失
惊跳（莫罗反射）	外部刺激，例如光线、噪音、行动或位置的突然变化。内部刺激，例如睡眠中的哭泣或肌肉抽搐	新生儿会突然用力伸出胳膊和腿，然后在身体蜷曲的同时再快速地收回到胸前，像是要抓住什么	在第1~2个月逐渐减少，然后在第3~6个月消失
吸吮反射	用乳头或手指触碰婴儿的嘴巴或者脸颊	婴儿的上嘴唇翻起，同时舌头向里卷曲	出生前就存在，出生后前两个月内尤为强烈。此后逐渐消失，并与其他有意识的行为相结合
觅食反射（寻找）	轻轻按压脸颊或嘴唇周围	婴儿的头转向按压的方向，并用嘴唇寻找乳头。婴儿做出寻找食物的反应	婴儿被照顾的时候会持续发生，但是通常在第4个月之后消失
挺舌反射（向外伸出）	触摸婴儿的嘴唇	当碰触嘴唇时，婴儿的舌头会自动向前伸。这可以让他避免窒息，并有利于使用乳房或奶瓶喂奶	通常在第4个月左右减退
抓握反射（手掌、脚底）	抚摸手掌，或按压脚趾与脚掌之间的球状部位	婴儿的手指或脚趾会弯曲，似乎想要抓住某个物品	10天后明显减少，一般在第4个月左右消失。足部反射有可能持续到第8个月
踏步反射	抱着婴儿成为站立姿势，然后向下压一点	婴儿像走路一样依次抬起脚掌	1周后有所减少，第2个月左右消失
放置反射	将婴儿的小腿拉向边缘	婴儿试着向上迈步，想把他的脚放到桌子或床上	第2个月后消失
颈紧张反射（击剑反射）	将婴儿平躺放置	平躺时头会转向一侧。脸转向一侧手臂向外伸直，另一侧手臂弯曲，形成击剑的姿势	在第2~3个月非常明显，第4个月左右消失
眨眼反射	强光、触碰眼皮或突然发出噪音	婴儿的眼皮睁大又迅速合上	永久的

反射类型	如何激发	行为描述	出现/消失
咽反射	呼吸道有异物	婴儿感到哽塞、喘粗气、呕吐，而且可能脸色发紫。（即使头部伸入水中，这样的反应也会在大多数的情况下使婴儿免于呛水）	永久的
吞咽反射	嘴里有食物	婴儿的食管张开时，气管闭合	永久的
退缩反射	疼痛、冷空气	婴儿将四肢收拢蜷缩靠近身体，试图躲避	永久的
降落伞反射	使婴儿向地面"跳水"	婴儿张开手臂寻找保护	第7个月左右出现

降落伞反射

FIRST YEAR BABY CARE

第二章　宝宝的护理

随着宝宝的到来，有几件事就成了你生活中的必修课：喂奶、换尿布、穿脱衣物、安抚、哄他睡觉。这样的日常生活在第1年中不会有太大的变化。在他1岁生日时，与他1周大的时候没有太大的差别，他还是不能给自己换尿布。

　　第一次换尿布的时候，你或许跟宝宝一样感到无助。你觉得紧张（尤其宝宝的身边还站着什么人看着你的动作），每个动作都看起来是那么笨拙且不自然。为他洗澡的时候会让你手抖，而且第一次带宝宝出门似乎也会让你手忙脚乱。

　　这一章的内容将会帮助你掌握这些日常工作。加以练习，你很快就能学会给宝宝快速地穿衣服，瞬间让他平静下来，而且你闭着眼睛也能为他换尿布。在为宝宝做这些日常工作的时候，你也可以增加耐心以及同时进行多重任务的能力，并且在无数次换尿布的时候用各种办法把他逗笑。

　　这些工作也为你和宝宝建立亲密关系创造了机会。洗澡和更换尿布的时候你会抱着他，喂奶的时候深情地凝视着他，给他唱歌，陪他一起玩幼稚的游戏。轻轻摇晃哄他入睡的时光，更是会让你忘记了一切疲惫和烦恼，为人父母的喜悦不期而至。

　　在本章的最后一部分内容中，那些最终要返回工作岗位的父母们，将学会如何为宝宝寻找可信的日托方式。

如何抱宝宝

健康的婴儿没有你想象中的那么脆弱。不要害怕,尽可能多去碰触、怀抱、晃动、搂抱和爱抚你的宝宝。怀抱、按摩和爱抚的时候,要避免碰触到头部的柔软部位(前囟门)。覆盖在上面的那层厚厚的皮肤表膜可以在头盖骨愈合前保护头部。你可能会注意到在柔软部位的皮肤下有脉搏跳动,别担心,这是正常的。

抱婴儿

抱宝宝会给他带来身体和心灵的安全感,有助于他的生长发育。触摸宝宝并跟他聊天,会让你们相互熟悉,所以任何时候都别怕抱着会宠坏你的宝宝(除此之外,你不可能会宠坏一个新生儿,因为他的每一个"需求"都是确实需要,而不是像大宝宝那样寻求关注)。下面是一些怀抱孩子的正确姿势。

第 1 种：放在臂弯里。

第 2 种：婴儿的头部依靠着你的肩膀，一只手护着他的背部，另一只手托着他的臀部。

第 3 种：像抱足球一样抱着他。让宝宝平躺在你的一条手臂上，贴近身体一侧，然后用手掌托着他的头部。

如何抱起和放下宝宝

在最初的 3~4 个月,当你抱起宝宝或者把他放下的时候,最重要的是保护他的头部。他还不能支撑自己的头部,因为他的脖子很柔软,头很重。而且,当你抱起他的时候动作要缓慢而温柔,这样就不会吓到他。

第 1 种:如果他是平躺的姿势,把一只手放到他的脖子下面,然后张开手指支撑住他的脖子。弯下腰,这样你可以很容易地把另一只手放到他的身下。把宝宝搂成一团轻轻抱起来。不要把他的胳膊和腿摇晃着吊在外面。

第 2 种：如果宝宝趴着的话，你需要把一只手臂放在他的肩膀和脖子下面。用手掌呈杯状托住他的下巴，把另一只手臂放在他的腰部下面，并且张开手指撑住他的腹部和大腿。紧紧地环抱着把他轻轻抱起来。或者，如果当时宝宝趴着的姿势很容易帮他翻过身去，那就把他翻成脸朝上，再用第一种方法把他抱起来。

注意：宝宝醒着并在有人看护的情况下，让他们俯卧也是可以的。实际上，每天都进行一些"肚子时光"是很重要的，因为这样可以促进宝宝颈部以及上半身肌肉的发育。但是，为了防止婴儿猝死综合征（SIDS），美国儿科学会（AAP）建议婴儿在睡眠中一定要保持平躺（详见第二章"宝宝的睡眠"）。

放下宝宝：把双臂放在他的身下，慢慢地把他的头部和后背放低。

要确定你扶着他的头。放下他的臀部，然后轻柔地把双臂从他的身下抽出。

如何摇晃和包裹宝宝

在最初的 1~2 个月，大多数的婴儿喜欢被紧紧地裹在婴儿包毯、披肩或可包裹的睡袋里。被襁褓包裹起来可以保暖，而且也让宝宝想起了在妈妈子宫内的惬意感觉。这样有助于让婴儿平静下来，而且对于安抚有肠绞痛的婴儿来说绝对是个好办法（详见第六章"肠绞痛"）。

晃动的时候不要过于缓慢，1 分钟晃动 60 下左右为佳。当他们长大后，宝宝们渐渐地不喜欢被晃动了，反而更喜欢自由地行动。

摇晃宝宝的注意事项

摇晃宝宝的时候不能把他的头用力快速地来回摇动，否则就可能导致血管破裂，并造成大脑的不可逆损伤。如果你感到气愤，或是对宝宝有挫败感，绝对不能摇晃他。深深吸一口气，数到十，或者让其他人帮忙看着他直到你能够控制自己的情绪。如果你是单独跟宝宝在一起，把他放置在安全的地方（比如他的小床里），然后给自己留出几分钟的时间平静下来。关于这个问题的详细内容，参见第 92~第 93 页。

包裹宝宝的步骤

第 1 步：把一块方形的毛毯折成钻石的形状铺在你面前。把上面的尖角向下折叠到大致毛毯中心的位置。把宝宝背朝下放在毛毯上，他的头刚好在折叠起来的一角上面。

第 2 步：拿起一边的角，贴身地搭过宝宝的胸部，然后掖到他的大腿下面。接着把下面的尖角拿起盖住他的脚，再卷到他的一侧肩膀下面。如果下面的尖角过长超出肩膀很多，可以把它向下折叠。

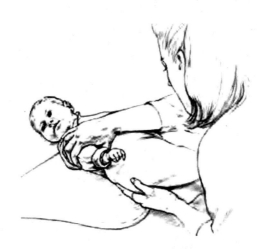

第3步：把另一侧的尖角拿起来，搭过宝宝。掖到大腿下面。一开始，你可能会想要固定他的双臂，这样他就不会挥舞手臂让自己兴奋。随后，你可能会想要把他的双臂放在外面，这样他就可以吮吸手指并自由地挪动双臂。要确定不能把宝宝的髋部包得太紧，他一定要能够动来动去才会有助于关节的发育。

换尿布

换尿布估计不会是你喜欢的事情。尿布湿乎乎的,还会弄脏衣服。换尿布的时候,宝宝也许还会正好尿在你的身上。这些都是会发生的,所以,你要保持幽默感,试着不要发出类似"真恶心!"的评论。宝宝还不会控制大小便(而且至少在接下来的几年内都不会),所以别显出不赞同或者恶心,不然会让他觉得自己做错了什么事情。记住,小便和大便"从下面"流出是一个很重要的标志,意味着"从上面"进去的东西都进展顺利。

排尿

最初几周

如果新生儿的尿布永远是湿的,千万别感到惊讶。新生儿出生后24小时内就会排尿,然后,每一天的排尿次数最高可达30次之多。如果新生儿宝宝在4~6小时甚至更久的时间内尿布都是干的,要求助他的主治医生。宝宝的尿液颜色越深,表明浓度越高。深黄色的尿液可能表明你的宝宝液体摄入量不够。宝宝的尿液也会出现橙红色或者粉红色(也被称为

"砖灰尿")。这不是血,而是尿酸盐结晶,说明宝宝身体缺水了。小便的时候不应该有疼痛感。一旦出现疼痛,就说明宝宝一定有哪里不舒服,要让主治医生为他做检查。

第一年

从出生后第 3~4 天开始,宝宝每天都会尿湿 6~8 片尿布。如果少于这个次数,就要考虑宝宝是否摄入了足够的液体。如果宝宝吃母乳,可以增加哺乳次数;如果宝宝食用配方奶,天气很热的时候可以把一部分配方奶粉换成水(每天不要超过 120 毫升)。如果宝宝的尿布用量依然很少,让主治医生做个检查,宝宝可能已经缺水了。

排便

刚出生的宝宝

墨绿色类似焦油的物质被叫做胎便,这是在他出生前就堆积在肠道内的。出生后,他会排出胎便,通常是在第 1 天的时候开始排出,在正常的大便形成前,胎便还会再持续 1~2 天。接下来会出现发褐色的、面糊状的大便,这被称为"过渡期"大便。在这之后,大便的形态取决于宝宝是母乳喂养还是配方奶喂养。

最初几周

因为宝宝要适应通过乳头或者奶瓶喂养,他要在离开子宫后建立自己的消化系统。最初,他小便的次数很频繁(而且有时候多得惊人),可能每次哺乳后都会排尿,甚至更加频繁。他的大便稀软,而且有颗粒或者呈凝乳状,颜色也可能会有变化。只要宝宝正常哺乳而且看起来很满足,这些表现就都是正常的,不要认为他是得了痢疾(更多关于痢疾的内容详见第六章"腹泻")。在他 3 周大的时候,大便的形态就会出现有可预见的特征，而且大便的次数也会减少。

大便发红、发白或是发黑都是不正常的。如果宝宝的大便出现这些颜色，就要咨询主治医生了。

第一年

- **母乳喂养的婴儿**：母乳喂养的婴儿，大便通常气味较淡，呈芥末黄色，而且稀软。有时候也会发绿或者呈棕色，出现颗粒或者水状。如果变成这样，只要他看起来健康，消化道就没有问题。因为母乳是最适合婴儿的，纯母乳喂养的婴儿几乎不可能出现便秘的情况。

  要注意，便秘只说明大便是黏稠的，不是指大便的次数（这里说的是大便的黏稠度，而不是排便的频率。关于便秘的更多内容，详见第六章"小儿便秘"）。宝宝满月后，连续几天不排便也无须担心。有些婴儿每天排便数次，其他婴儿隔几天排便一次。这两种情况都是很常见的，而且婴儿大便的形态经常发生变化也是正常的。只要宝宝精力旺盛，就没什么需要担心的。

- **配方奶粉喂养的婴儿**：因为与母乳相比配方奶粉不太容易消化，而且会产生更多的排泄物，所以用配方奶粉喂养的婴儿比母乳喂养的婴儿大便更黏稠。大便通常为棕色或金黄色，形态类似花生酱，而且闻起来接近成人的大便。早期的时候，配方奶粉喂养的婴儿一天的排便次数可高达 6 次，但是随着他的长大，排便次数会逐渐减少为每天 1 次（而且有时候可能隔几天排便一次）。如果这种配方奶粉不适合宝宝的话，你可能马上就能敏锐地发现，大便的形态也可能会改变。

- **添加辅食后**：美国儿科学会（AAP）建议，婴儿要从第 4~6 个月开始添加辅食。给宝宝添加辅食后，由于他的消化系统从未接触过固体食物，大便的气味可能会改变，颜色也可能变成跟这种新的食物相似（例如食用胡萝卜后会出现橙色的大便）。宝宝长大后，未经消化的食物也会在大便中出现。

尿布和其他必需品

一次性纸尿裤

一次性纸尿裤的外面有一层防水层，里面的一层吸水材料可以把水分锁在中间，最里面还有一层柔软的表层直接接触宝宝的皮肤，并把潮湿隔开。有些一次性纸尿裤还添加了润肤霜，有助于保护宝宝的皮肤。一次性纸尿裤有固定胶条，而且在腿部和腰部各有一圈松紧带以防止渗漏。带新生儿回家的时候，手边要准备足够的一次性纸尿裤，因为在第 1 个月内你或许会需要 150~200 片（开始的时候多买一些不同品牌的纸尿裤，你要比较后再决定哪种品牌最适合你和你的宝宝）。

布质尿布

几乎所有的布质尿布都是纯棉材质的（有些或许会含有少量的化纤成分）。布质尿布有利于水分的蒸发以及空气的自然流通，天气热的时候也能让宝宝的身体感觉凉爽。布质尿布买回来的时候都是预先叠好的（中间比旁边的部分吸水性更好）或者是定做的尺寸。虽然现在不那么流行了，但是普通的尿布可以随意折叠成不同的大小来适应宝宝的成长。在尿布的外面套上合身的防水尿布裤，然后用尼龙搭扣或按扣把它们固定起来。套装的尿布裤都比较宽松，需要用按扣、尿布夹或别针把尿布固定好。一件式的布质尿布可以与附带的尿布裤搭配使用。如果全部都使用这种，你会需要2~3打的尿布以及3~6条尿布裤。

更换尿布的地方

在他开始进行如厕训练前，你会为宝宝换几千次的尿布，所以有一个安全、舒适、固定的地方来换尿布是非常重要的。下面是选择更换地点的一些条件。

- **尿布更换台**：检查它是否牢固而且有高的护栏、安全带以及摆放尿布、擦拭巾和护臀霜的地方（开放式的架子比小的、高侧壁的储物篮更加实用，但是要确定家里另外会爬和会走的孩子够不到架子）。要小心那种桌子旁边可弹开后延伸出来的尿布更换台。把宝宝放置在悬空位置的边缘时，桌子有侧翻的危险。

- **梳妆台和尿布更换组装台**：重申一次，要小心那种梳妆台旁边可弹开延伸出来的尿布更换台。把宝宝放置在悬空位置的边缘时，梳妆台可能有侧翻的危险。

- **有围栏的尿布更换台**：这是在标准婴儿床旁边附加的一个安全区域。尿布更换台悬空支撑在婴儿床的一侧，不用的时候，可以把一端拆下来。要检查它的稳定性和安全带。

- **固定在墙上可折叠的尿布更换台**：这是另一种可以节省空间的方法，而且宝宝体重达到13.6千克之前可以一直使用。要检查它的稳定性和安全带。

- **游戏区的更换台**：这是一种放置在游戏区域栏杆上的可移动的护具。要检查它的稳定性和安全带。
- **波浪形的尿布更换垫**：这是一种厚实的、配有安全带的防水衬垫，用螺丝固定在标准的尿布更换台上。也可以放在地上、梳妆台上，或者任何其他地方单独使用。如果放置在高处使用，要确保表面宽敞、坚固并且在舒适的高度。因为你无法在这里固定尿布更换垫，要确定表面是防滑的。
- **便携式尿布更换垫**：这些防水材料做成的方块，或者是可折叠的尼龙、树脂或塑料的装备，通常是方便携带外出的，也可以在家里使用。这些垫子最好在地板上使用，因为它们一般都不配备安全带。

湿纸巾、护臀霜及爽身粉

- 商店购买的一次性婴儿湿纸巾方便使用但是价格昂贵。只要不会刺激婴儿的皮肤就可以使用（避免使用含酒精和香精的湿纸巾）。一个成本较低的选项就是用毛巾和温水为宝宝清洁。
- 有些父母使用加热的湿纸巾，就是用一个加热过的盆存放并加热一次性湿纸巾。这不是必需的，但是你的宝宝也许会喜欢。
- 买一支护臀霜每天使用。如果你的宝宝有尿布疹，你也需要使用尿布疹乳霜或药膏（详见第六章"尿布疹"）。
- 如果你使用爽身粉，要确定不含有滑石粉，否则被宝宝吸入的话会损伤肺部。

尿布桶

- 如果使用专业的尿布服务，他们会给你提供一个可装重物的大塑料篮子，而且里面放有权威认证的除臭剂。
- 如果你自己清洗布质尿布，可以把防水的尼龙洗衣袋放在可开盖的塑料垃圾桶内使用。
- 对于一次性用品，你或许会想要使用一台一次性纸尿裤处理机来把它们压缩和除臭。否则的话，一个可开盖的塑料垃圾桶就足够了。

尿布处理方式的选择

你可以通过下表快速浏览主要的 3 种尿布处理方式的优点和缺点，包括：清洗尿布、使用尿布服务以及使用传统的一次性纸尿裤。你的选择都是出于一系列因素的考虑，包括你的时间安排、预算，你对环境和自然资源的看法，当然还有你的宝宝对各种类型尿布的反应。

方法	优点	缺点
清洗尿布	完全不含有毒的化学成分（磷酸盐类、漂白粉等），所以也不会有刺激宝宝皮肤的化学残留； 清洗时需要用水和电，但是没有制造纸尿裤那么不环保； 是这三种选择中花费最低的	必须得放到洗涤的时候，清洗完才可以使用； 几乎没有日托中心使用布质尿布； 旅行的时候非常不方便
使用尿布服务	节省时间； 不需要冲洗或浸泡； 比使用一次性纸尿裤便宜； 在可靠的且经过检验的洗衣房清洗，这样你才能知道尿布的清洁度	单独清洗你的尿布会比较昂贵； 离开家的时候也比较不便； 有些地方很难找到这样的服务

方法	优点	缺点
使用一次性纸尿裤	原包装打开就可以直接使用； 可以丢在任何一个垃圾分类桶中（将纸尿裤中的大便在马桶中冲走后）； 大多数婴儿的日托中心都是使用一次性纸尿裤； 吸水性很好	这一般是花销最高的选择。如果更换不勤快，香料和其他的化学成分有可能导致尿布疹和过敏反应。 制造一次性纸尿裤需要消耗大量的木材、塑料、能源和水资源。垃圾填埋后需要上百年才能分解

注意：有些父母会选择不太常见的方法，如"绿色环保型"一次性纸尿裤，或是采取不用尿布的办法，即"排泄沟通"（婴儿便盆训练）。关于前者的更多信息，可参考生产商的网页，比如第七代（http://www.seventhgeneration.com），臀部（http://www.tushies.com）。关于后者的信息，参见网页 http://www.diaperfreebaby.org。

虽然公众普遍认为日常使用一次性纸尿裤比布质尿布更加卫生，但是，如果使用不当的话，两种尿布都一样会被污染。日托机构必须坚持管理并遵守严格的卫生程序（比如要手洗和用适当的方法存放用过的尿布），以避免细菌传播。

尿布的处理方式

如果你是自己来清洗的话，很显然，布质尿布比一次性纸尿裤的处理方式更加繁琐。

浸泡布质尿布

有些家长倾向于先把布质尿布浸泡后再送去清洗，以便于清除污渍。他们把用过的尿布丢进尿布桶或者洗衣机里，加凉水和清洗剂（通常是小苏打、醋或硼砂），然后让它们浸泡几小时或者过夜。还有些父母觉得没必要浸泡尿布，因为他们使用了一次性尿布衬垫来保护布质尿布。有些父母指出，尿布没有必要是洁白无瑕的——它们终归就是尿布！

洗涤布质尿布

清洗布质尿布的方法有很多，但是这里介绍的是一种典型的简单有效的方法：

- 准备一个干的尿布桶（可开盖的塑料垃圾桶，里面放置一个防水的尼龙清洁袋），然后把脏尿布丢进去。盖子保持闭合状态来隔绝气味。
- 把尿布用凉水洗涤一次（无需添加清洗剂），接着再用热水添加无漂白剂的清洗剂洗一遍（分解纤维组织）。加衣物柔顺剂会妨碍吸水性，增加香味可能会刺激宝宝皮肤。最后把所有需要清洗的尿布再用热水洗一遍。
- 甩干尿布后挂在室外晾干（阳光是他们的天然增白剂）。如果晾干的尿布很僵硬，把它们丢进烘干机，用蓬松模式运行几分钟。
- 尿布裤和尿布片一起甩干的话，尿布裤要放在烘干机最上面，用蓬松模式和风干模式烘干（尿布裤不能使用热烘干器，太高的温度会毁坏裤子面料）。

一次性纸尿裤

丢弃一次性纸尿裤前，尽可能把里面包裹的东西全部倒进马桶。然后把它们卷起并紧紧地捆成小包裹再丢进垃圾桶、尿布桶，或者用一次性纸尿裤处理器来为尿布进行压缩和除臭。

给你的宝宝换尿布

小贴士

- 每当宝宝小便或者尿布很湿的时候，就要为他换尿布。如果尿布只有一点点潮湿的时候，不用马上为他换掉。宝宝小便的次数非常多，如果你每次发现有点湿都要换尿布的话，会把自己逼疯的。虽然如此，你每天还是要换10~12次尿布。
- 除非宝宝有非常严重的尿布疹，否则你不需要在夜间为他换尿布。如果他睡得很平静，而且盖着被子，潮湿的尿布不会让他清醒的。
- 关于如何治疗尿布疹，详见第六章"尿布疹"。
- 如果你使用布质尿布，而且你的宝宝夜间也会频繁小便，在把他安置好之前给他垫两层尿布（在一层尿布上面再固定一层），这样就不需要把他弄醒换尿布。
- 虽然宝宝的肚脐已经痊愈，也要把尿布前面的上边缘折到肚脐以下，这样就不会把这个区域压痛或者感染。

- 在高处为宝宝换尿布时，随时要保持有一只手放在他身上。即使是新生儿也可能会扭动到边缘而跌落。
- 如果在换尿布的时候你必须离开房间，把宝宝一起带走，或者把他放进婴儿床或其他安全的地方。
- 避免使用爽身粉，如果吸入体内会损伤婴儿的肺部。如果要用，选择不含滑石粉的爽身粉，而且要先擦在你的手上再擦到宝宝的臀部上，不要直接撒在宝宝的臀部上。

其他必需品

- 有防水外表层的尿布。
- 棉球或柔软的毛巾。
- 温水。
- 每天可使用的护臀霜。
- 尿布疹乳霜或药膏。
- 布质的或一次性婴儿湿纸巾（婴儿湿纸巾使用方便，但是价格昂贵，只要不会刺激宝宝皮肤的产品都是可以使用的）。

具体步骤

第1步：把宝宝背朝下放在换尿布的地方。打开尿布放到一边。如果尿布上有排泄物，要把它卷起来稍后去洗手间清空。用卷起来的尿布干净的那面擦拭宝宝臀部残留的排泄物。

第 2 步：抓住宝宝的腿，抬起他的臀部，用温的毛巾或者婴儿湿纸巾擦拭干净，要从前向后擦拭。让宝宝的臀部自然晾干；涂抹护臀霜。如果他有尿布疹，使用尿布疹乳霜或药膏。

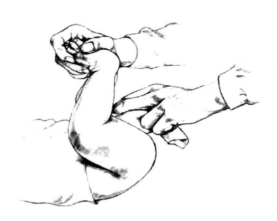

第 3 步：再次抬起他的臀部，把新的尿布放在下面，上边缘与腰线平齐。使用一次性纸尿裤，要把固定粘贴放在宝宝身后。使用布质尿布，把多余的部分放在男婴的前面或女婴的后部。

第4步：把固定粘贴拉到尿布前面，然后把两边都粘牢。确保后片压着前片。如果你使用别针固定尿布，要把你的手放在尿布和宝宝的皮肤之间，以避免扎到他。

用海绵为宝宝擦澡

注意：

- 在宝宝第一次回家时，要用海绵为宝宝擦澡。在脐带脱落而且肚脐完全愈合前，都不要把宝宝放在浴盆里洗澡。而且，如果宝宝进行了包皮环切术，在他的阴茎完全愈合前也不要在澡盆里洗澡。
- 不需要为宝宝每天洗澡洗头发。只要保持宝宝的脸、手和私处的清洁，1周洗澡两三次足矣。
- 新生儿有时候不喜欢被脱光。如果脱光衣服会让宝宝觉得烦躁，用柔软的浴巾把脱光或者只穿着纸尿裤的他包裹起来，一部分一部分地打开浴巾清洗。或者就让宝宝穿着衣服，清洗哪个部分的时候再脱去那里的衣服。
- 有的新生儿不喜欢一直躺着来进行彻底的海绵浴。如果你的宝宝开始扭动，那就换个时间来清洗其他部位，例如：每次更换尿布的时候都为宝宝清洗不同的部位。

需要的物品

- 一盆温水。
- 柔软的毛巾和柔软的浴巾。
- 棉球。
- 温和、无香味的香皂。
- 棉签。
- 温和的宝宝润肤霜（可选择使用——有些人建议第1个月内不使用润肤霜，以防止过敏反应）。
- 海绵垫（可选择使用）。

具体步骤

第1步：把宝宝放在海绵垫或者换尿布的地方。将一个棉球用温水沾湿，从眼睛的内眼角向外眼角擦拭。再换另一个新的棉球擦拭另一只眼睛。沾湿另一个棉球擦拭宝宝的双耳。把毛巾浸湿，清洁宝宝的嘴巴、脸颊和脖子周围的皮肤。

第 2 步：把宝宝的头抱在温水盆的上面，然后轻柔地弄湿他的头皮。用温和的香皂或婴儿专用洗发水洗头发，用你的指尖而不是指甲轻轻地按摩（轻轻的按摩有助于清除乳痂，详见第六章"乳痂"）。冲洗干净头部，然后擦干。

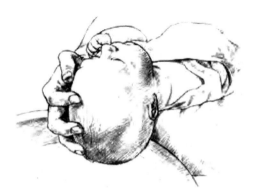

第 3 步：轻柔地清洗宝宝的胸部、胳膊和腿。要确定清洗干净皮肤的每一处褶皱，包括他的脖子下、手臂和膝盖下面。擦拭宝宝的双手和双脚，查看手指和脚趾之间有无线头。同时检查是否有长而尖锐的手指甲和脚趾甲（详见本章"皮肤护理·修剪手指甲和脚指甲"来学习如何剪指甲）。

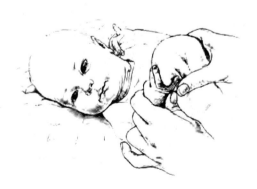

第 4 步：支撑着宝宝的头部，轻柔地把他翻动到侧卧。清洗并冲干净他的背部。轻轻地拍干水分。浸湿一块干净的毛巾，清洗私处。如果是女婴，打开阴唇，轻柔地从前向后清洗，然后轻轻地拍干水分。如果是男婴，轻柔地清洗阴茎和阴囊，周围的褶皱也要清洗到位。环切包皮后的阴茎要小心清洗。如果没有施行包皮环切术，清洗阴茎的时候不要把包皮缩回去。

第 5 步：检查肚脐是否发红或者肿胀（这是感染的征兆）。你要知道的是，在脐带捆扎线下面渗出水分，并且在干枯的过程中发出一些臭味，这都是正常的。如果宝宝的皮肤容易干燥，在掌心搓热温和的婴儿护肤霜，然后再按摩擦在他的皮肤上。穿戴干净的尿布和其他干净的衣物，宝宝的海绵擦澡就完成了。

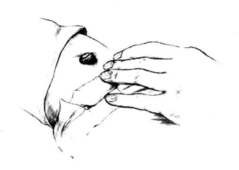

用浴盆给宝宝洗澡

小浴盆

小贴士

- 一开始,宝宝或许不会喜欢在浴盆里洗澡。坚持用海绵擦澡直到他稍微大点的时候,可以尝试让他在浴盆里洗澡。渐渐地,大多数的婴儿都会爱上在浴盆里洗澡。
- 用海绵擦澡的时候,不需要每天为他洗澡或洗头发。只要保持脸、双手和私处的清洁,每周清洗2~3次足矣。
- 当你的宝宝在浴盆里的时候,视线不能离开他,不论时间多短,不论用水多少。如果给宝宝洗澡时必须中途去开门或者接电话(或任何事情),赶紧用浴巾把他包起来并带在身边。

需要的物品

- 可移动的婴儿浴盆,内置海绵垫,一个塑料小浴盆就足够为小婴儿洗澡了。

- 高度合适的桌子或工作台。
- 柔软的毛巾和柔软的浴巾。
- 温和、无香味的香皂。
- 婴儿洗发水。

大浴缸

- 当你的宝宝已经大到无法使用婴儿的小浴盆,而且他可以独立坐得很稳的时候,他或许就可以在正常的浴缸里洗澡了。

- 在浴缸里只放入5~6厘米深的水,以避免婴儿溺水,或不小心滑入水中。绝对不能把宝宝独自留在浴缸里。

- 把宝宝放入浴缸前,要先测试水温。水温刚好温暖就可以。让宝宝远离水龙头,一旦他自己打开了热水龙头,有可能会烫伤自己。给浴缸放满水后,打开热水龙头放出一点凉水,这样宝宝碰触到出水口的时候就不会被烫到。

- 开始的时候,你可以跟孩子一起洗澡,这就能更好地扶着他(这样的话,你也不需要跪在坚硬的瓷砖地板上,再弯下腰费劲地洗澡)。以后,你可以在浴缸底部放防滑垫,这样也有助于让宝宝坐稳。

- 当宝宝能站起来的时候,在你没有扶着他的时候,千万别让宝宝在浴缸里站着玩耍。

具体步骤

第 1 步：在浴盆里放入 5 厘米深的温水，检查水温确保温度适宜。水温过高有可能会烫伤、灼伤或吓到婴儿。轻柔地把宝宝放进浴盆，先把臀部放进去。

第 2 步：用柔软的毛巾和温和的香皂清洗宝宝的面部、耳朵和脖子。自上而下清洗他的身体，就像用海绵擦洗时一样（详见上一小节），冲洗干净。

第 3 步：支撑着宝宝斜躺并为他清洗头部，从前往后冲洗以避免洗发水流入他的眼睛。用指尖坚定而轻柔地揉搓他的头皮。冲洗干净，然后用柔软的浴巾为他轻轻地拍干水分。

皮肤护理

洗澡时偶尔使用温和无香味的香皂，彻底冲洗干净，然后用柔软的浴巾轻轻地拍干水分，这些都是宝宝皮肤护理的要点。有些父母使用爽身粉和润肤霜让宝宝变得香喷喷，他们觉得这样还可以避免宝宝皮肤干燥或发炎。这些物品都不是必需的（而且有些主治医生建议第1个月内不使用这些物品）；让宝宝皮肤不那么干燥的最好方式，是不要给宝宝频繁洗澡。总之，护肤产品用量要少，并且注意如下要点。

- **婴儿爽身粉（滑石粉）和玉米淀粉**：婴儿爽身粉会被宝宝吸进肺部，膨胀并刺激呼吸道，并有可能引起呼吸问题，还有可能刺激皮肤发炎而导致尿布疹。一些研究表明，玉米淀粉能导致或加剧阴道酵母菌的感染。
- **婴儿润肤霜和天然油脂**：虽然这些不是必需品，但是宝宝可能会喜欢洗完澡后的爱抚和按摩，爱抚和按摩时用一点润肤霜或天然油脂能减少手指与宝宝皮肤的摩擦（详见第80页）。要避免使用矿物油脂，它可能会让一些宝宝出现皮疹。

肚脐

在宝宝的脐带残端脱落前，要确保这个部位的清洁、干爽。只为他进行海绵擦浴，并确保他的纸尿裤边缘折叠避开这个区域。不需要用酒精来清洁这个部位，事实上，很多医院已经不再建议这样做了。

脐带残端通常在出生后 2~14 天脱落（如果在宝宝 3 周大时仍未脱落，请主治医生为他检查）。脱落后，会留下一个瘢痕，几天后（甚至几周后）可愈合。无需包扎，只要保持清洁和干燥以避免感染即可。一些分泌物或粉色的液体从肚脐渗出也是正常的，但是如果持续 1 周有血液渗出，流血量大，或者有红肿，就要告诉宝宝的主治医生。有时肚脐会出现息肉样、樱红色小肉牙肿，有脓血性分泌物，这是脐肉芽肿。通常主治医生会用 10% 硝酸银腐蚀治疗。如果肉芽长得较大的话，可能需要主治医生进行外科手术将它切除。

阴茎

施行包皮环切术后

进行包皮环切术后，阴茎前端可能会维持 1 周左右的红肿状态。在阴茎顶端，去除包皮的位置可能出现一种黄色或灰白色的覆盖物。如果结疤，让它自动脱落。伤口渗出少量血也是正常的。直到伤口完全愈合前（通常几天内，但也可能长达 1 周），都要用温水滴在顶端清洗，然后轻轻地拍干水分。当你为宝宝换尿布以及每次洗澡后，要在顶端涂抹不含凡士林油的隔离霜，或者把一块抹了隔离霜的纱布敷在上面。一旦痊愈，你就可以正常清洗，而且无需再使用隔离霜。

如果出现如下的任何一种危险征兆，与宝宝的主治医生联系：
- 在施行包皮环切术6~8小时后，宝宝都无法正常排尿。
- 阴茎顶端持续肿胀、出血或发红。
- 顶端渗出臭烘烘的液体，或长出硬壳的、内有液体的脓疮。

自然状态（未施行包皮环切术）

自然的阴茎无需特殊护理。与清洗宝宝身体的其他部分一样为它清洗即可。不要尝试去缩回包皮，阴茎的顶端无需清洗。自然分泌物要及时清洗。这些白色的分泌物并不是污垢或脓汁，而是健康皮肤的残渣，直到孩子五六岁时（但也有可能要到青春期），龟头就会自己长出包皮之外。

像身体的其他部分一样，如果阴茎和包皮的肤色异常，出现异常的排泄物或出血，及时与宝宝的主治医生联系。

阴道

在出生后的几周内，宝宝的阴道内可能会有少量的血液流出。这种"小经期"是由来自于母亲的雌激素所致的，会自动恢复。没必要把阴道组织的褶皱内积聚的所有白色分泌物都清洗干净。

为宝宝做按摩

婴儿对于触摸尤其敏感，所以轻柔地按摩或抚触时，宝宝会显出平静和舒服的样子。你可以在为宝宝洗澡后，用一点婴儿润肤霜或天然油脂为他抚触按摩（把瓶子放进他的洗澡水里，让润肤霜或油脂变得温暖）。缓慢、轻柔、有节奏地按摩他的脖子，然后向下按摩他的身体直到双脚。别忘记双臂和双手。把他翻过身，按摩他的肩膀、后背和臀部。最后，按摩他的前额，然后往下到他的面部。很多医院和社区中心会组织课程学习婴儿抚触按摩。

修剪手指甲和脚趾甲

要剪短新生儿和你的手指甲和脚趾甲来保护他。由于他正用双手和双脚探索世界，长的、锯齿状的指甲会划伤他的脸和身体。剪短手指甲也是一种健康的预防措施，长指甲缝里会聚集污垢，而且还会有好几年的时间宝宝才会不再随时把手指放进嘴里。

下面是为宝宝修剪指甲的方法。

- 使用婴儿指甲刀。要确定光线足够明亮，能看得清楚。在修剪前，看好皮肤和指甲的边缘，以避免剪到指尖。
- 在宝宝睡眠中或洗澡后修剪手指甲和脚趾甲，这时他的指甲会变得柔软而易于修剪。
- 平直地修剪手指甲和脚趾甲，确定没有参差不齐的边缘。
- 有些妈妈会在哺乳的时候一点一点地修剪宝宝的指甲。

如果你剪到了他的指尖，别担心。几乎所有的父母都会不止一次地剪到宝宝的手指。拿一张面巾纸包住宝宝的手指，举过心脏的高度。大约几分钟就不会再流血了。即使流

血的时间长一些，也不会有什么大的影响。把他放到你不担心可能会染到血迹的安全的地方。虽然使用创可贴感觉更合理，但是要避免这样做，尤其是对宝宝纤细的指尖来说，因为创可贴会很容易从手指或脚趾滑落，并成为导致婴儿哽塞的危险物品。

宝宝的睡眠

新生儿父母必须进行的最大调整之一就是减少睡眠。在第一年内,随着宝宝的生长,他睡一整夜的频率有所增加,也就意味着你也可以睡个整夜觉了。但是,要恢复到生孩子之前的睡眠规律,还需要好几年呢。

每个孩子的睡眠需求和习惯都不一样。新生婴儿可能一天要睡22个小时,也可能只有12小时。他也许连续睡眠几个小时,也许一次只睡1小时(要谨记,新生儿通常每2~4小时就需要哺乳一次)。

尽管如此,你也会觉得他睡得太少或者太多,但只要他健康,精神很好就说明宝宝的睡眠充足。你也许会忍不住在宝宝睡眠的时候看看他,尤其是当你听到他抽鼻子和轻微挪动的时候。别让这些正常的声音吓到自己。

在第一年中,宝宝可能白天会有好几次短暂的睡眠,然后晚上睡的时间久一些(关于宝宝夜晚睡眠的更多内容,详见第88~89页)。在1岁后不久,他甚至可能不再午睡。宝宝越大,白天的时候会越活泼,尤其是在他开始爬行和走路后。而且,他白天消耗的能量越多,夜间入睡就会更加容易。

床的选择

新生儿需要一个安全的地方睡觉。很多父母使用婴儿床，但是也还有一些其他好的选择。只要边缘够高能保护婴儿不会翻滚出去，甚至一个平直的篮子、铺了垫子的抽屉或坚固的硬纸盒都是可以的。一些父母会选择让宝宝跟自己睡在同一间卧室，通常被称为相伴而眠。研究表明，父母跟孩子一起睡觉，能增加亲密感，促进母乳喂养，而且也可以避免婴儿猝死（SIDS）。

虽然如此，但是并不推荐6个月以下的婴儿跟父母睡同一张床（共享一张床），因为这样反而可能会增加婴儿猝死和意外窒息的发生率，还有可能发生婴儿坠床的危险，或者被夹在床和墙体或床头板之间的风险。

有种特别设计的婴儿床（合并床），可以正好放在父母的大床旁边，而且也便于哺乳和安抚（详见如下内容和第211页）。

床

- **有栏杆的婴儿床**：可以让孩子用到2岁或更大（关于如何选择婴儿床，详见第四章"宝宝的专用设备"）。

- **摇篮或睡篮**：两种都很轻巧且便携，但是宝宝的大小很快就会超过它们的尺寸。当宝宝1个月或体重达到4.5千克的时候，通常就需要一张有栏杆的婴儿床了（关于如何选择摇篮或睡篮，详见第四章"宝宝的专用设备"）。

- **旁边的合并床**：这种设计很适合那些倾向于让宝宝和自己睡在同一个房间的父母们。有些床边的合并床还可以转变为独立的摇篮、尿布更换台以及游戏区。

- **游戏区**：这种方便的、可携带的产品非常适合旅行，因为它还可以被用作婴儿床、摇篮、尿布更换台以及游戏区域。

寝具

- **婴儿床、摇篮或睡篮的垫子**：使用牢固的、无致敏材料的垫子，因为柔软的垫子可能会导致婴儿窒息（比起海绵垫，弹簧垫比较不容易变形）。
- **防水衬垫**：你会需要一两个这样的垫子铺在床垫和床罩之间。
- **婴儿床、摇篮、睡篮的床罩**：确保床罩要紧紧地、牢固地罩在垫子上。
- **婴儿床围**：不建议使用婴儿床围，因为它可能会导致婴儿窒息（而且也可以被当作爬出婴儿床栏杆的台阶使用），但是，如果要用的话，必须是薄的，而且紧紧地固定在床周围。
- **毛毯和枕头**：这些也有引起窒息的危险。不要使用枕头，而且如果你要用毛毯，一定得是轻薄的。
- **床铃**：一款可以转动的床铃可能会安抚婴儿的睡眠，但是要确定质量达标。

环境

- 如果宝宝的床不在你的卧室里，每天都要安排时间让他在自己的卧室里睡觉。他会逐渐接受这种规律的睡眠时间，并且慢慢适应。而且，如果他在另一个卧室睡觉，当他睡觉不安稳的时候就不会影响到你。
- 宝宝睡觉的卧室温度要控制在21℃。室内温度超过21℃可能会导致婴儿温度过高，也可能发生婴儿猝死。如果你坚持节省能源或者缩减取暖费用，可以在夜间把控温器的温度调低再把宝宝放进毛毯睡袋里（不可以使用电热毯）。而且，不能让婴儿床挨着通往户外的冷窗户。相反，要让它靠近热风装置或者散热片，在安全的情况下不要让宝宝过热。

- 除了环境过热，还有一些其他因素会导致婴儿猝死，包括：柔软或松散的寝具以及跟父母一起睡在水床上，或者是跟那些会在睡觉前服用药物或酒精或是有在床上抽烟习惯的父母一起睡觉。
- 必要的时候，在冬天使用冷雾空气加湿器或净化器，夏天使用风扇，但是不要让它们离婴儿床太近。根据厂商的说明书来清洗加湿器或净化器，这样就不会把霉菌带入空气中。另外，要使用纯净水，这样水中的污染物也不会被扩散到空气中。
- 宝宝睡觉的时候，不需要保持完全静音。他很容易就会习惯一般的声音高低水平。但是，要尽量避免突然改变声音的高度，这样可能会让他因为害怕而被惊醒。
- 在婴儿的卧室里安装百叶窗或窗帘来阻挡室外的光线，同样也可以阻挡夏天的炎热以及冬天的寒冷。
- 在温暖适宜的季节，你可以带着宝宝在室外小憩，但是不要把他直接暴露在阳光下。要在床上悬挂纱帘来遮挡昆虫。
- 睡觉时要让宝宝保持背部向下，以避免婴儿猝死的危险。
- 睡觉时不要遮住他的头部。
- 要注意易引起宝宝窒息的物品，如枕头、被子、棉被或其他柔软的或长毛绒的物品。
- 近年来，美国儿科学会（AAP）不建议6个月以下的婴儿跟父母同床而眠。但是，如果你希望同床，要遵循如下防范措施。

——确保床头板和床尾踏脚板没有缝隙或开口。宝宝的头可能会卡进这些地方。

——确定床垫紧紧地卡在床架里,这样他就不会掉入两者之间。

——不要让他独自睡在你的床上。

——确定床垫足够坚固。宝宝可能会翻滚到床垫的凹陷部位变成俯卧姿势。

——不要饮用酒精饮品,或服用能让你不容易清醒的药品或麻醉剂,这样你有可能会翻身压在他身上,让他有窒息的可能性。

——不要让床靠近窗帘或百叶窗。拉绳有可能会把他勒死。

让宝宝入睡

新生儿的睡眠应该有如下 3 种类型。

- 安静的睡眠(深入且平稳)。
- 主动睡眠(伴随有吮吸、做鬼脸以及眼球的快速转动)。
- 浅睡眠(处于半梦半醒的睡眠中)。

在他 1 岁之前,宝宝都需要在帮助下入睡。新生儿一般很难学会去隔绝外界的刺激。帮助宝宝安定下来准备睡觉的最好办法,就是为他哺乳或给他一个奶瓶。如果他不饿,可以尝试如下的办法。

- 用襁褓包裹并轻轻摇动,直到他入睡。从他第 4 个月左右开始,在他完全入睡前把他放到自己的床上,这样他可以学着自己入睡。
- 开车兜风、推小推车、轻轻摇动以及抱着他慢慢地走,一般都可以使兴奋的婴儿平静下来准备入睡。
- 播放轻柔的、有节奏的背景音乐。轻音乐可以,风扇、净化器、洗碗机或者空调转动的嗡嗡声也可以。如果你在宝宝出生后不断地重复播放心跳录音，这样可能会让宝宝想起在子宫内的时候并能让他平静。播放摇篮曲配合心跳录音也同样奏效。
- 让宝宝的腹部搭在你的膝盖上，为他轻柔地按摩背部。
- 新鲜的空气容易让宝宝入睡。把宝宝带去户外待一会儿，或者如果天气不太冷的话，可以把婴儿床放在窗口附近距离安全的位置。

睡觉的姿势

美国儿科学会（AAP）建议宝宝睡觉的时候最好面朝天仰卧。研究表明，这种睡姿可以有效地降低婴儿猝死（SIDS）的风险（宝宝在睡眠中吞咽口水或呕吐时会发生窒息的危险，在仰卧时发生概率非常小）。

夜里不睡觉的宝宝

宝宝们完全没有晚上睡觉、白天醒来的生物钟。有些宝宝白天睡多了，晚上会非常清醒，而且准备要玩耍到凌晨4点！你可以尝试如下的方法让宝宝在夜间入睡。
- 白天让宝宝在家里的随便什么地方小憩，晚上把他放在自己的房间里。

- 白天不要让他连续睡眠超过 4 个小时。
- 白天通过唱歌或按摩的方式让他兴奋。但是晚上，要安静而缓和地照顾他，调暗室内灯光。

睡个整夜觉

有些婴儿似乎从很早就能够持续睡眠一整夜，而有的婴儿可能整晚无数次的折腾。一组关于 9 个月大的婴儿的研究表明，只有 20% 以下的婴儿能在午夜到凌晨 5 点保持睡眠。而且，由于母乳比配方奶粉更容易消化，母乳喂养的婴儿经常会在夜间醒来进食。

父母们一般比较头疼宝宝在夜间醒来，尤其是宝宝没有生病或饥饿的话，真是不知道怎么哄才好。在宝宝 4 个月大之前，所有人好像都觉得宝宝肯定是有需要才会醒来哭闹，最好赶快想办法满足他，赶紧哄他入睡，这样其他人才可以尽快重新入睡。但是当宝宝超过 4 个月大后，育儿专家就不再建议这么做了。有些说法认为应该不去管宝宝的哭闹，如果父母对于他们的哭泣有求必应，他们将会习惯有人回应而不去学着自己平静下来。还有人觉得父母们应该随时回应宝宝的哭声，并安抚他们重新入睡。

在决定如何应对之前，你可以跟其他的父母们以及主治医生聊聊。婴儿的脾气也都不一样，没有哪一种解决方案会对每个人都有效。无论你作出什么决定，只要让宝宝和自己觉得舒服就好。

安抚哭泣的婴儿

新晋父母们的一大挑战就是搞清楚宝宝为什么要哭以及怎么才能让他不哭。大多数时候，你可以通过满足他的基本要求——哺乳、换尿布、逗笑来安抚他。下面描述了可能会让宝宝哭泣的一些原因，并给出了安抚的一些建议。

饥饿

大哭的婴儿通常是饿了。哭是他想要找人喂食的最后手段。宝宝们会提前用平静的动作表示他们肚子饿，比如吮吸拳头或做出饥饿反应（详见第一章"1岁之内婴儿的条件反射"），父母们应该做出明智的回应。食物或许就是哭泣的孩子想要的东西，但是当他们变得烦躁的时候是很难喂食的。

胃胀气

给宝宝拍嗝，使用第168~171页描述的任何一种方法都可以。有些宝宝需要在哺乳的时候每隔3~5分钟拍嗝一次，从哺乳结束到第一次打嗝可能会持续半个小时。如果你的宝宝打嗝滞后，要有耐心并继续尝试。他最终一定会打嗝的！

吮吸需求

大多数的宝宝出生时都有强烈的吸吮反射。他们进行吮吸不仅是要获得食物，而且也是在平静和安抚自己。如果你为宝宝哺乳，乳房就是安慰他的最好的东西。但是如果他明确地表示不饿，帮助他找到（清洁）手指去吮吸，或者提供你的手指给他。在最初的几周内，不要给他使用安抚奶嘴，吮吸安抚奶嘴会影响他对你的乳房的占有欲。

尿布湿了或者有大便

你可以想象，一团湿乎乎的、臭烘烘的脏东西黏在皮肤上是多么不舒服。平均来讲，新生婴儿每天要小便或大便 10~12 次。如果你的宝宝不停地扭动，他很可能是需要换尿布了。（即使换尿布不会让他停止哭泣，至少也可以减少他患尿布疹的概率。）

温度不合适

宝宝们跟成年人一样，不喜欢过冷或过热的温度。不要给宝宝穿过多的衣服，让他保持通风，也不要把没有包裹好的他带到寒冷的户外。不论什么环境，他穿的衣服跟你自己感觉舒适的厚度一致就可以。

觉得无聊

宝宝们跟成年人一样，也会觉得无聊。宝宝哭闹可能是在用他的方式来想找人逗他（关于逗宝宝开心的方法，详见第五章"1 岁以内的玩具"）。

过度刺激

宝宝的感官承受能力很强,虽然如此,如果有太过分的刺激行为,例如过大的噪音、强烈的光线以及过多的人群,也会让宝宝受到过度刺激而哭泣。把他抱进灯光昏暗的、安静的房间就能解决这个问题。

身体接触不够

新生儿需要跟父母和其他照顾他的人有足够多的身体接触,如果他们觉得不够也会哭泣。谨记:怀抱、轻轻地拍或是亲吻你的宝宝无论多少都是可以的。用前置背带或者吊带把宝宝放在胸前,这样既可以让宝宝跟自己贴近,同时又可以空出双手。

肠绞痛

很多宝宝在第3~4个月之前,都会有一个非常艰难的阶段,几乎是每天或者每隔几个小时就会出现一次肚子痛,这段时间内任何办法都无法安抚他。如果你宝宝的表现符合这些特点,他有可能是患了肠绞痛。关于肠绞痛的更多内容以及如何应对的建议,详见第六章"肠绞痛"。

关于摇晃婴儿的警告

虽然宝宝的哭泣和烦躁可能会让你感到心力交瘁,但绝对不能使劲摇你的宝宝。当宝宝被狠狠地或激烈地晃动,或者他的头部受到撞击,会出现严重的危害(包括:失明、脑损伤以及发育不正常)。这是一种严重的虐待儿童的行为。

如果宝宝遭遇非意外造成的头部损伤(简称NAHT,也被称为摇晃婴儿综合征），可能会呕吐，出现颤抖、抽搐或呼吸困难，而且变得非常倦怠或易怒，甚至昏迷，这些都是受伤的表现。如果你的宝宝受到用力晃动或者被击打头部而出现这些后果，都是很紧急的情况，你要立刻带他就医。

如果担心遇到宝宝一直哭泣或烦躁，你可能会控制不住自己，可以把他放到安全的地方，例如婴儿床上，让他自己哭。做个深呼吸，数到10。寻找家人或者朋友帮忙，让自己休息一下，并且让宝宝的主治医生来为他检查，看是否能找到烦躁的原因。

非进食性的吮吸

婴儿生来就有吮吸的需求，有些婴儿甚至在子宫内就开始吮吸大拇指。吮吸可以让宝宝自己平静下来（非进食性的吮吸）或获取营养。当你的宝宝表现出烦躁，而且你知道他并没有饥饿、无聊、疲惫或是需要换尿布的需要时，让他去吮吸自己的大拇指或手指，或安抚奶嘴（但前提是母乳喂养已经进行得非常稳定）可能会让他平静下来。

吮吸手指

根据美国牙科学会（ADA）的研究，只要吮吸的频率没有那么高或者那么用力，吮吸大拇指和手指就不会伤害宝宝牙齿或口腔的发育。大多数的孩子在2~4岁就会不再吮吸大拇指和手指，但是他们也可能在感到疲惫、紧张或者恐惧的时候出现这种习惯动作。这是一种本能反应，不需要特别关注。如果你的宝宝喜欢吮吸他的手指或大拇指，尽量让它们保持清洁。如果你的宝宝不开心，而且没有本能地去吮吸他的手指或大拇指，你可以温柔地把指头放进他的嘴里，然后看看他是否会接受并平静下来。

安抚奶嘴

从本质上讲，吮吸安抚奶嘴与大拇指和手指有着同样的效果，而且也会造成同样的潜在牙齿问题。但是使用安抚奶嘴也可能会在早期造成母乳喂养的困难，因为吮吸安抚奶嘴会干扰新生儿对乳房产生占有欲。一般要等宝宝习惯母乳喂养后，再开始使用安抚奶嘴。安抚奶嘴也能降低婴儿发生猝死的概率，但是也没有必要尝试去强迫宝宝接受安抚奶嘴。有些父母和专家都有过声明，使用安抚奶嘴只是一种比吮吸大拇指和手指更容易改掉的习惯（但是在改掉安抚奶嘴使用习惯后，作为行为替代，可能会导致宝宝又开始吮吸拇指或手指）。

下面是使用安抚奶嘴的一些建议。

- 确定安抚奶嘴是一体的而且柔软的奶嘴（不要使用奶瓶的奶嘴。单独使用的话，它们太小，不够安全。即使与奶瓶颈环连在一起，奶瓶的奶嘴在用力吮吸的时候也会脱落）。
- 检查确定防护盾的大小至少为3.8厘米宽，而且由坚硬的塑料制成，并设有气孔。
- 使用可以在洗碗机中清洗的安抚奶嘴。
- 确定安抚奶嘴的尺寸适合你的宝宝（安抚奶嘴一般有2个尺寸：一种是6个月前的，另一种是6个月以上宝宝使用的）。
- 检查安抚奶嘴上有没有安装带子（把安抚奶嘴捆在婴儿床或你宝宝的身上，有导致勒颈窒息的危险）。
- 当橡胶变色或开裂后，更换安抚奶嘴。
- 当宝宝烦躁的时候，不要把安抚奶嘴放入他口中。首先要确定他是不是需要其他东西，例如食物、干爽的衣物、保暖、爱抚或其他任何物品。

- 如果你的宝宝需要使用安抚奶嘴入睡，当奶嘴从口中掉落后他可能会清醒并哭泣。要解决这个问题，可以尝试在他昏昏欲睡的时候就拿走安抚奶嘴。
- 千万不要在安抚奶嘴上沾蜂蜜。宝宝可能会感染蜂蜜中的肉毒杆菌（一种食物中毒）。

宝宝的衣服和鞋子

衣服

宝宝在第1年里会长得很快,所以当宝宝很快就超过衣服的尺寸时,不要觉得惊讶。平均来讲,宝宝在第4~6月的时候会是出生时体重的2倍,在将近1岁的时候会达到3倍。宝宝也会在第1年中逐渐地长高20.3厘米。

宝宝的衣服可能很昂贵,而且很难让你感觉钱花得值,尤其是当你的宝宝像杂草一样快速成长,并且把看到的一切都涂上颜色,质量差的衣服更是很快就惨不忍睹了。下面的一些建议可以帮助你减少对宝宝衣物的支出。

- 向朋友或者家人借衣服。
- 用你的其他孩子留下的衣服(然后把这个孩子的旧衣服留着给以后的孩子穿)。
- 明智地购买:
  ——在折扣店或旧货店购买宝宝的衣服,在这儿你会找到性价比很好的、被轻微使用过的东西。

——购买促销的衣服，或去厂家直销店购买。

——购买的时候要记着买大一点，以防清洗的时候缩水。

——选择多件套装：这样会更有灵活性，小件的衣服不能穿的时候，大件的衣服仍然可以穿。

——购买易于修改的衣服，因为宝宝长得很快，要能够使用添加钮扣、花边、扣带和袖口来为衣服加宽加长。

——连体衣可以把脚套部分剪掉，然后给宝宝穿上袜子。

——寻找有弹性的透气面料，像是线圈布料和针织品。

很遗憾的是，婴儿服装在尺寸上没有太固定的标准。有些公司使用小号、中号、大号等标签；有些公司使用宝宝的月龄区分标签；还有些标签是按照体重。更糟糕的是，相同的标签名称在不同厂商之间却代表不同的东西。给宝宝买衣服的时候，要看那些标签上标明体重的，或者带着孩子一起去，这样就可以目测一下衣服是否合适。如果这些办法都不管用，参考下表中的内容，以帮助你挑选到（希望可以）适合宝宝的衣服。

常规尺码

尺码	身高（厘米）	体重（千克）
新生儿	61 以下	6.3 以下
小号	62~71	7~9
中号	71~81	9.5~11.5
大号	81~92	11.5~14.5
加大号	92~97	15~16.5

根据月龄

尺码	身高（厘米）	体重（千克）
0~3 月龄	56 以下	4.5 以下
6 月龄	56~61	5~6.4
9 月龄	61~63.5	6.4~7.2
12 月龄	63.5~69	7.8~9
18 月龄	69~76	9.5~11
24 月龄	76~84	11.3~12.6

购买、再利用或者借用宝宝衣服的时候，要注意如下要点。这些要点能够更好地确保衣服的实用性、安全性以及舒适性。

实用性要点

- 手腕和脚腕处较长，以适应四肢的生长。
- 前开口、胯部开口，腰部有松紧口的设计，可以方便地穿脱和换尿布。
- 少用扣子，易于操作。
- 一件式连体衣的设计可以很快穿好整套衣服。
- 不褪色的染料，包括装饰物。
- 可以机洗和烘干的面料。
- 不会有褶皱的面料。
- 面料结实耐用。
- 适合的剪裁，四肢多留出的长度，有可调节的纽扣，可以为宝宝的成长留出空间。
- 实用的配件（例如配套的围嘴、背心、帽子或毯子）在宝宝长大后，有些配件依然可以使用。
- 中性设计的衣服可以留给将来的弟弟或者妹妹。

安全性要点

- 不要将细绳、拴扣、皮带、肩带或腰带松弛地挂在宝宝身上，会有勒颈窒息的危险。
- 有生长空间但是不要太过宽松（太宽松的外套和披风，尺寸过大的或者宽松下垂的衣服可能会挂在家具上、门上和其他地方。）。
- 阻燃性的面料或贴身的剪裁有助于防止着火。如果你必须为宝宝穿着非防火材料的衣服，要确定衣服剪裁贴身，这样在宝宝和衣服面料之间的空气就会很少（如果面料着火，空气会帮助火苗燃烧）。
- 没有装饰物、钮扣、贴布绣花或者其他饰品，如果有，一定得缝得结实，以免宝宝哽塞。
- 没有松掉的线头，因为线头可能会缠绕到婴儿的手指或脚趾而阻断血液的流通。
- 宽松的领口、袖口和裤腿口，有利于呼吸和血液的循环。
- 生产厂家有明确的认证，以便出现问题，需要投诉或被召回。

舒适性要点

- 接缝平整、光滑，并且数量要少。
- 没有或者尽可能很少的装饰物。
- 衣领、钮扣、饰片、贴布绣花、四合扣都要看起来柔软、体积不大，并且宝宝平躺的时候不会觉得硌着。
- 大小合适，就是不能太过宽松或者束缚。

- 柔软的、透气的面料。
- 衣服内侧没有会刺激到宝宝皮肤的凸起物（刺绣的背后、拉链、硬的标签等）。

保持宝宝的凉爽或温暖

宝宝会有一段时间无法保持自己的体温。他们出生时就会有稳定的体温，但是还需要一段时间才能有维持自己身体热量的能力。直到他的温控系统完全规律之前，可以按照下面的技巧为宝宝穿着衣服以保证他感受到舒适的温度。

- 在寒冷的天气里，为宝宝多穿几层衣服，这样在温度允许的情况下就可以适时地为他增减衣物。对于新生儿，在适度包裹时就可以带他短时间出门。如果有长时间的旅途，这样做就会让宝宝觉得冷，尤其是在他睡着的时候。而且，要保证他的脸颊不能在外面暴露太久，他们很快就会感冒的。
- 在天气温暖的时候，父母经常会错误地为宝宝穿着过多的衣物。穿着过度会导致皮疹，而且出汗过多也会导致脱水。如果你要去没有空调的地方，要尽可能减少宝宝的衣物，并且让他远离阳光。

给宝宝穿衣服

随着宝宝的长大，他会变得越来越爱动，他不可能像小时候一样乖乖地等着你给他穿衣服。经过跟宝宝的磨合，你将学会如何有技巧地帮他穿衣服。但是，你或许能通过做游戏、唱歌让他安静下来，然后再拿某个玩具让他保持安静。

- 穿上衣的时候，把衣服撸起来集中到脖子的位置。先从宝宝后脑勺的位置穿进来，然后再穿前面。抓着开口处轻柔地向下拉过前额和鼻子，这样就不会划伤他的脸。
- 穿袖子的时候，先把你的一只手从袖口伸进去穿过袖子，抓住宝宝的手，另一只手顺势把宝宝的手臂穿进衣袖。
- 脱衣服的时候，先把宝宝的手臂从袖子里拿出来，然后再脱领口。先把领口拉过鼻子和前额，然后把衣服向后脱掉。
- 穿一件式的连体衣时，先把衣服铺在平坦的地方，然后让宝宝躺在衣服上。先穿腿，然后穿手臂，最后拉好拉链或者扣好钮扣。

宝宝的鞋袜

在宝宝走路之前是不需要鞋子的（除非要在粗糙或坚硬的地面上保护他的双脚以及保暖）。即使他已经开始走路，光脚走路也更有利于他能快速地学会走路。宝宝出生的时候足弓都是相对平坦的。通过光脚走路，宝宝会逐渐长出足弓并加强脚踝的力量。而且，他也可以用脚趾保持平衡。如果你决定给宝宝穿鞋子，要谨记下面的要点。

- 宝宝刚开始学站立的时候，如果穿着鞋子会不利于他保持平衡。他可能会经常摔跤，直到能够适应鞋子。
- 不在地毯上走路时，要穿着带有防滑垫的袜子或婴儿脚套。
- 要确定鞋子合脚，在买鞋的时候带着他一起去。测量他脚的宽度和长度，然后寻找尺寸适合的鞋子。每隔3个月检查一次宝宝鞋子的大小。
- 试鞋子的时候要穿着适合当季的袜子。袜子的大小也要合适（太小会妨碍脚趾的生长）。
- 让宝宝穿着鞋站着或慢慢走，以便查看是否合脚。鞋子的长度应该比脚长出 1.25 厘米，作为脚的生长空间。
- 婴儿鞋有的很昂贵，但是你不需要买最贵的、最结实的鞋子。只要鞋子合适，而且宝宝穿着舒服，买一双不太贵的鞋也是可以的。例如胶底运动鞋，对孩子也是很好的，舒适、有弹性，而且比起别的鞋子价格便宜。

宝宝必备衣物清单

下面的表格里列出了大多数宝宝 1 岁之前会穿到的各种类型的衣服。你不需要全部都准备，相较于其他因素来说，你准备什么样的衣服以及准备多少，取决于你洗衣服的频率、季节和宝宝的年龄。

衣物	数量	描述
柔软的纯棉上衣（领口处有暗扣）或贴身内衣	4~7 件	这些衣服穿在其他衣服里面会更加保暖。天气暖和的时候，宝宝或许会觉得只穿打底衫和纸尿裤就很舒服。有些款式在侧面有钮扣，这种在宝宝肚脐愈合前穿着非常好
婴儿连体衣	4~8 件	这种在臀部下面系扣子的，纯棉的一件式宝宝爬服，会非常容易给宝宝穿上
有弹性的衣服或连体服（和背带裤）	6 件	这种连体衣可以把宝宝从脖子到脚趾都包裹起来，白天和晚上都可以穿。前面开口的可以方便地为宝宝换衣服，而且舒适的有弹性的面料为宝宝的成长留出了余地。对于开始爬行或匍匐前进的较大宝宝来说，背带裤是既实用又舒适的选择。开始匍匐前进的宝宝需要添加防护垫，尤其是在膝盖和臀部的位置

(续表)

衣物	数量	描述
裙子		一般来说，裙子对于宝宝并不太实用。它无法为腿部保暖，还经常会皱成一团。如果你想要给宝宝穿裙子，要选择较短的裙子，长裙会阻碍宝宝爬行。天气转凉时，要在裙子里增加贴身衣物
连体睡衣或睡袋	4~7 件	一件式睡衣与连体服相似，面料柔软很适合睡觉穿着。要避免那些脚底部有塑料层的，这种衣服会让宝宝的脚出汗。睡袋就是一种宝宝睡觉使用的物品，不但能很好地让宝宝的肩膀保暖，而且可以让宝宝自由地把胳膊伸出去。很多人从一开始就是用一片式的包巾，可以把宝宝包裹起来。不同的是，睡衣有脚套，睡袋可以迅速地穿脱，便于更换尿布
袜子或脚套	4~7 双	只用来在天气转凉后为宝宝的双脚保暖。宝宝的脚天生就是发凉的，所以要根据气温决定是否需要给宝宝穿戴
围嘴	4 个	有些围嘴从宝宝的头部套进去，有些是绕着脖子固定，还有些甚至有长袖子可以保持衣服的整洁。有些塑料的围嘴在底端有口袋可以用来接着掉落的食物
棒球帽、软帽或毛线帽	1~3 顶	纯棉或复合材料的棒球帽，或边缘很宽的圆帽都可以在天气温暖的时候有让宝宝的头部和面部避免阳光直晒。毛线帽子可以在凉爽的或寒冷的天气里为宝宝的头部和耳朵保暖
毛衣或外套	1 件	通常是由腈纶或树脂纤维制成，毛衣一般都是前面或背后开口的设计（羊毛毛衣很粗糙，而且很难清洗。另外，有些宝宝会对羊毛过敏）
防雪装（或连体毛衣）或保暖睡袋	1 件	防雪装是由厚重的、耐用的面料制成的。很多都配有用扣子固定的手套和帽子。选择一个稍微大一点的尺码，因为它会穿在所有衣服的外面。避免选择光滑的面料——因为要抱紧一个到处扭动的宝宝是很困难的！保暖睡袋是由柔软的、厚的面料制成的，一般是夹棉的或有填充物的，并且前面有拉链。在天气转凉后出门是非常实用的。最好选购那种背后有留着开口、能穿过汽车安全座椅的安全带扣的款式
手套	1 副	宝宝的手套就是一个在手腕处有绳子可以拉紧的口袋，这样便于为宝宝穿脱

（续表）

衣物	数量	描述
婴儿包裹毯	4件	这种柔软的、分量很轻的毯子可以包裹新生儿或者给新生儿盖着，可用在尿布更换区域，而且还可以用作汽车座椅里的垫子
保暖材质的毯子	2个	编织的披肩或毛毯，一般是由腈纶或树脂纤维制成，温暖，可水洗，便于包裹，还可以叠起来放在宝宝周围

寻找日间托管机构

宝宝的日间托管方式取决于你家里的现实情况和具体需要。你或许愿意待在家里自己照顾孩子,或者你计划返回工作岗位全职或兼职工作,然后在工作时间内安排宝宝的日间看护。

儿童托管的选择包括正规的或授权经营的日托机构(日托中心以及家庭托管机构),或者随意的日托方式(保姆、保育院、由亲戚照料,或是由两三个家庭分摊费用找一个保姆看孩子的共同照顾方式)。每一种照顾孩子的方式都有利有弊。在选择孩子的日间托管方式之前,你必须权衡每种方式的利弊,而且托管机构要最大限度地保障宝宝的安全和健康,并符合你家庭的需求和预算,还得让你觉得放心。

如果你决定使用日托中心或者家庭托管机构,遵循如下要点来寻找最适合宝宝的日托方式。要有耐心并准备多去拜访一些服务机构。这种搜索方式会花费大量的时间和精力,但是不要选择感觉不太好的日托机构。记住:宝宝应该得到你能找到的最好的照顾(有关保姆的内容,详见第四章)。

> **分离焦虑症**
>
> 刚出生的时候，你的宝宝或许不介意跟你分开由其他人照顾。然而在7个月以后，他可能会有分离焦虑症并且害怕陌生人。如果你的宝宝不希望你把他留在陌生的环境中，那就试着通过一个过渡期，在他平静之前不要留下他转头就走。

1. **了解自己的需求**。你在寻找家附近的还是工作地点附近的日托机构？你希望宝宝周围有很多其他的孩子还是只有一些？你的预算是多少？你需要很大的灵活性吗？

2. **把你的需求散布出去，然后研究你的选项**。询问朋友、家人、医护人员、同事以及一起做礼拜的人们，让他们帮助你找到口碑最好的日托机构。有些雇主会提供儿童托管的福利，请跟自己的公司确定。也可以上网查找，可以找到日间托管指南以及联系方式。

   如果某个日托机构听起来很可靠，记下它的名字和电话号码、推荐者的名字、他或他对这里的评价，以及他们支付的费用。

3. **对日托机构进行拜访和面谈**。你可以在电话中询问一些基本问题（例如费用和开放时间），但是如果你不亲自去走访就无法确定日托机构到底是什么样子的。你花越多的时间去走访，就越能了解到日托中心或家庭日托机构的好处。每次面谈的时候，记下这个日托机构的名字，跟你面谈的人的名字和职位，日托机构的地址和电话号码，以及日期。相信自己的直觉，并且密切关注中心的工作人员或者家庭日托机构提供者对下文列出的问题的回答，索要一份规定政策和每天活动的安排表，然后记录你对这个日托地点的观察和印象。

> **背景调查**
>
> 寻找专门收费做调查的公司,针对可选择的托管机构进行背景调查,包括虐待儿童、犯罪、操作、信用以及社会安全,并在网页上用关键词进行查找。

4. 调查推荐人。 询问那些父母们为什么喜欢某一个日托机构。没有什么能比父母们肯定的评价更能给予某个日托机构强有力的认可了。询问父母们一些具体的问题。不要简单地问一些类似他们是否喜欢这个日托机构或提供者的问题,问具体的关于这里的服务他们喜欢什么和不喜欢什么。下面是其他的适合提问的问题:

- 你的孩子多大,他们来这间日托机构多久了?
- 如果你的孩子们不继续在这里注册,你为什么要为他们换地方?
- 你是怎么选择这间日托机构的?
- 在宝宝的发展问题和一些让人担心的问题上,这件日托机构是怎么帮助你解决的?
- 你曾经对这间日托机构有过什么疑问吗?你是怎么解决这些分歧的?
- 你的孩子在这间日托机构受过伤吗?或不愿意再去这间日托机构?发生了什么事情吗?
- 你的孩子去过其他的日托机构吗?比较而言日托服务有什么不同?
- 这间日托机构最大的优点是什么?有什么欠缺吗?

5. 做一次随意的拜访。 不进行预约直接去拜访,可以让你对这间日托机构每天的流程有更准确的印象。这里的服务是否与你之前来的时候一样好?

6. 带孩子一起去参观。 观察孩子和照料者们之间的互动。看看你的孩子在这个环境里是否感觉舒适。

7. 如果有的话，拿一份候补名单。 如果这间完美的日托机构没有空余名额接收你的孩子，在候补名单上占一个名额，至少意味着你的孩子最终会进入这里。同时，可以让这间日托机构为你推荐类似的地方，并安排其他的日间托管方式（共同照料、亲戚照顾或其他的），直到这里有空余名额可以加入。

日托机构面谈

教育资质和经营理念

- 这间日托机构是什么时候开始经营的？
- 这间日托机构是否经过政府批准和调查？营业执照是否过期？这间日托机构是否经过认证？
- 有多少个孩子在册？他们都是什么年龄段的？
- 有没有婴儿的独立空间？一个房间里有几个宝宝（最好是6个或以下）？
- 婴儿和照料者的比例是否高于3:1（家庭日托机构的比例为2:1）？每天是不是同一个人照顾我的孩子？
- 照料者们每天都是怎么跟宝宝一起玩的？会把我的宝宝一直放在秋千或者弹跳椅上吗？每次放上去多久？会允许我的宝宝在地板上玩儿吗？地板铺垫子吗？会每天清洁地板吗？
- 每天的活动安排是什么？会安排户外的活动吗？会有看电视的时间吗？如果看的话，看多久？
- 照料者们和助理们是怎么对待哭泣的婴儿的？他们会怎样惩罚捣乱

的孩子？有什么例子？照料者们是否愿意按照我的教育方式进行？
- 父母们对日托机构有什么期待？

看护者的任职资格

- 照料者们是什么样的教育背景？有什么资格证书？受过什么培训？有什么兴趣、经历？教会或社会关系怎么样？
- 如何筛选职位的候选人？
- 所有员工都必须定期接受身体检查并及时接种疫苗吗？
- 照料者们都取得了急救和心肺功能复苏的资格证（包括婴儿救治的训练）吗？
- 助理的薪资待遇是多少？有什么福利？
- 照料者们的人员流动率是多少？在职员工的平均工作年限是多少？（孩子需要固定性，将会与主治医生们之间建立相互信任的关系。）
- 如果有新来的照料者负责我的宝宝，会提前通知我吗？我可以要求指定一位照料者吗？
- 我可以跟看护者定期交流关于宝宝的发展、行为和需求吗？宝宝每天的活动都会被记录下来吗？我能查看记录吗？
- 欢迎父母去参观（预约的和随机的）吗？

健康和安全性

- 关于生病的孩子，日托机构有什么政策？如果只是很轻的病症呢？宝宝生病的时候会如何通知我？
- 这间日托机构多久会突然发生一次严重的传染性疾病？如果突发这种情况的话会如何通知我？

- 这间日托机构接收孩子前需要进行身体检查吗?
- 这间日托机构会接收没有接种疫苗的孩子吗?
- 在日托时间内有孩子受过伤吗?发了什么事情?
- 有人要求孩子退出这间日托机构吗?如果有,是什么原因呢?
- 关于咬伤以及与其他孩子之间相互造成的受伤,有什么应对政策?
- 如果这间日托机构怀疑孩子曾在家里或学校受伤,有什么相关的协议吗?
- 工作人员如何对待有过敏或特殊需求的孩子?
- 我的孩子的医疗记录和急救信息会毫无保留地寄给我吗?这里的工作人员会使用处方药吗?药品在哪里保存?
- 这间日托机构设有什么安全设施?有出入登记表吗?入口有监控吗?有什么关于父母以外的其他人接孩子的政策吗?
- 有灭火器和烟雾及一氧化碳检测器并处于正常运转状态吗?防火通道在哪里?每个月都有消防演习吗?
- 清洁工作是怎么安排的?
- 清洁用品和其他有毒物质是否锁好并远离孩子?
- 准备食物和更换尿布的区域是否经常消毒?
- 婴儿床、尿布更换台和其他设备使用年限是多久?这间日托机构怎样被通知产品召回?
- 每个宝宝都有自己的婴儿床吗?
- 多长时间换一次床单?如何清洗床单?
- 工作人员是否能确定宝宝们是仰卧平躺睡觉,以帮助预防婴儿猝死?
- 这间日托机构是否有封闭的游戏场所?
- 有适合年龄的玩具吗?玩具使用多久了?多长时间清洁和更换?

- 照料者们有要求在更换尿布和给每一个孩子喂食后都必须洗手吗?
- 他们每隔多长时间给孩子们洗一次手?

睡觉、吃饭、换尿布

- 能给我的宝宝喂食母乳吗?母乳要怎么保存?喂奶的时候会抱着我的宝宝吗?
- 这间日托机构有提供给妈妈们哺乳的地方吗?
- 有吃饭的时间安排吗?有小睡的时间安排吗?会重视我对这个时间安排的感觉吗?
- 这间日托机构会提供正餐和零食吗?还是需要我自己为孩子准备?会提供什么食物?
- 尿布在哪里更换?多长时间换一次?尿布如何处理?这间日托机构是否愿意使用布质尿布?

费用和运作模式

- 这间日托机构的开放时间和假日安排是什么?
- 恶劣天气时的关闭政策是什么?
- 收费标准是怎样的?大一点的孩子费用会少一些吗?多长时间涨价一次?还有什么其他费用吗?当我休假或者我的孩子生病在家的时候会收取费用吗?
- 接送孩子的时间自由吗?
- 如果晚接孩子会收取额外费用吗?多少钱?
- 我会通过什么方式或者什么时候收到账单?
- 我需要为宝宝准备必需品吗,比如尿布和奶瓶?

- 这间日托机构会为我做日托费用的税收抵扣建议并提供收据吗？
- 我的孩子现在可以入园吗？我该怎么申请？
- 目前需要排队等入园名额吗？我需要等候大概多长时间？
- 如果我计划再生宝宝的话，日托机构会优先考虑接收在园宝宝的兄弟姐妹吗？

推荐可咨询的家庭

- 是否可以向我提供一份能够给我入园建议和愿意给些意见的宝宝家庭名单（确定列表上包括这间日托机构目前接收的家庭以及已经退出的家庭）？

观察结果和印象

- 这间日托机构是否有明确的规定和章程，生病宝宝来园的严格规定，紧急救助计划，以及在职员工都有可靠的最新的资格证书吗？
- 照料者们是否接受过足够的心肺复苏术和急救训练？他们的表现是否可靠、热情并准备充分？他们是否会在关键的教育问题上参考你的观点，例如睡觉、惩戒和喂养？
- 照料者们和儿童数量的比例合适吗（参见第116页）？照料者们在照顾孩子们的时候是否表现得毫不费力？记住，这个可以接受的比例是有可能会发生变化的，如果宝宝是在一个混龄班里，师生比例就会显得打了点折扣，比如照料者为了帮助某个刚会走路的孩子而离开，又或者某个宝宝有特殊需求的时候。
- 这些照料者们和孩子们之间看上去开心且相互依赖吗？总体气氛既愉快又有趣吗？

- 孩子们都在始终如一的、细致的监管之下吗？
- 照料者们会抱着宝宝吗？会跟他们聊天、给他们唱歌吗？宝宝哭的时候他们会马上回应吗？当你向他们问起每个孩子的时候，他们是否看起来知道每个孩子以及他们的需要和个性呢？
- 这间日托机构看起来是否怡人且干净呢？物品摆放整齐且井井有条吗？这里看上去拥挤吗？
- 房间里足够温暖、装有空调、通风良好且光线充足吗？准备食物、睡觉、吃饭以及换尿布的地方都一尘不染吗？卫生间怎么样？
- 这间日托机构有儿童防护措施吗（你的孩子可能会打开橱柜并在地板上到处爬）？工作人员们遵守基本的安全条例吗？你发现了什么安全隐患，像是绳子或容易绊倒的危险物品吗？婴儿床的栏杆稳固（以避免婴儿猝死的危险）吗？游戏区域有防护栏包围并且远离街道吗？
- 有张贴明显的应急情况信息吗？警察局、消防队等的信息都是如何张贴的？
- 这里的环境让人觉得兴奋吗？活动安排经常有变化吗？看电视是否只占很小的一部分？
- 如果日托机构提供餐食和甜点，这些食物有营养吗？
- 这里的噪音分贝等级是多少？休息区域安静吗？有背景音乐吗？
- 每个婴儿都有自己的小床和小柜子（为了存放奶嘴和其他个人物品）吗？
- 孩子们的生长图表是不是最新的、完整的，而且包含了很多细节项目呢？
- 照料者们是不是愿意倾听我的顾虑并乐于回答我的问题呢？
- 得知我的孩子在这样的环境后，我会感觉放心吗？

照料者和孩子的比例
照料者和孩子的比例可以有变化,取决于团队的人数以及每个地区的经营许可要求。美国国家幼儿教育委员会(NAEYC)也有这样的指导方针
日托中心
对婴儿来说,如果一个团队6个孩子的话,比例应该是每1个护理者照顾3个孩子;如果一个团队有8个孩子的话,每1个护理者照顾4个孩子
对于刚会走路的宝宝(12~24月龄),如果是6个宝宝,护理者和宝宝的比例是1:3;8个宝宝的话,比例是1:4;10个宝宝,比例是1:5;12个宝宝比例则是1:4
对于24~36月龄的孩子来说,这个比例为:8个孩子是1:4;10个孩子是1:5;12个孩子是1:6
这些指南只是参考:一个好的日托中心不论工作人员数量有多少,都会把孩子们分成小的团队
家庭日托机构
美国国家幼儿教育委员会建议,家庭式日托机构一个护理者一次可以照顾的孩子数量为:最多2个小宝宝(30个月以下的),5个学龄前儿童(30个月~5岁)以及2个学龄儿童(5岁以上的)

FIRST YEAR BABY CARE

第三章 | 宝宝的喂养

给孩子喂奶应该是初为父母感到最愉快的事情之一。喂奶的时候，宝宝温暖而放松地依偎在你的臂弯里，没有什么会比这个感觉更让人觉得弥足珍贵了。

　　宝宝在出生后第一年里的生长速度比他生命中的任何时候都要快。1周岁的时候，宝宝的体重大约会是出生时的3倍，而且在这12个月里，他可以明显地长高20厘米左右。宝宝的食物决定了他的发育状况。

　　研究结果一再强调，母乳喂养对于宝宝们、妈妈们以及全社会都有着至关重要的作用。美国儿科学会（AAP）、世界卫生组织（WHO）以及诸多其他组织和专家们都建议，宝宝至少在1岁之前都要进行母乳喂养。此外，在出生后的前6个月内，宝宝应当进行纯母乳喂养。这些权威研究和建议使得几十年来流行配方奶喂养的北美国家再次兴起了母乳喂养的热潮。现在有至少70%的新妈妈们在尽可能地进行母乳喂养。

　　母乳可以完全满足宝宝需要的所有营养，没有任何一种配方奶可以与之相比。而且，也没有哪一种奶瓶能够完全模拟乳房的结构，让宝宝吮吸得那么自如。如果无法进行母乳喂养,配方奶也可以提供充分的营养,而且食用配方奶的宝宝也可以跟母乳喂养的宝宝一样健康活泼,这也确实是事实。但是所有的证据都强烈地表明,母乳喂养的孩子现在或是将来更加健康的概率很大。

为了帮助你的家庭做出最好的选择,下面列举了母乳喂养和配方奶喂养优点和缺点的对比清单。你会希望在宝宝出生前就选择好喂养方式。母乳喂养和配方奶喂养都需要提前进行准备和计划。

母乳喂养和配方奶粉喂养

母乳喂养

优点

- 提供的乳汁是全天然的、绝对安全的,而且是特地为这个孩子单独准备的。就像俗语所说的"母乳是最好的"。
- 提供了最适合宝宝的营养比例:母乳中含有最佳配比的脂肪酸(DHA 和 ARA)、乳糖、水、益生菌和益生元,并提供氨基酸以满足人类的消化、大脑和眼睛的发育以及生长需要。
- 可以更好地促进宝宝情绪、认知、行为和身体的发育。
- 能够减轻呕吐物和大便的臭味。
- 为宝宝提供抗体和其他细胞,有助于保护耳朵、肺部和肠胃免受病毒感染。新生儿出生时免疫系统尚未成熟,使得这些物质尤为重要。母乳喂养的婴儿几乎不需要看医生以及住院治病。
- 可以帮助防止婴儿过敏症。
- 易于消化,也就是说宝宝可以减少便秘、腹泻和腹内进气。

- 有助于宝宝的下颌和牙齿的发育。
- 给新生儿喂食初乳,可以增强免疫力以抵抗感染和疾病,并有助于预防黄疸。
- 满足婴儿的需要,对于早产儿和生病的婴儿来说,吸收足够的能量和营养物质尤其重要。母乳喂养的早产儿受到感染的比例明显低于食用配方奶的早产儿。
- 让宝宝自己决定吃奶的频率和量,这样可以降低幼儿和成年肥胖的风险。
- 可以帮助宝宝抵御一系列绝症和使人衰弱的疾病,例如婴儿猝死(SIDS)、儿童白血病、节段性回肠炎、脑膜炎以及幼年型糖尿病。
- 哺乳可刺激宫缩素的形成,有助于妈妈的子宫恢复正常大小。
- 消耗妈妈的热量(一天大约消耗2100焦)。
- 很合算——花费就是妈妈吃饭需要的开销。
- 方便——宝宝的食物永远都在手边而且可以随时食用。
- 对环境无害——不需要制造生产或包装,而且不产生垃圾。
- 给妈妈和宝宝带来情感上的满足和愉悦。
- 可以促进妈妈和宝宝的亲密关系。
- 带着宝宝旅行更加方便。
- 有助于降低妈妈们发生卵巢癌、子宫癌、宫颈癌和乳腺癌的概率。
- 延缓月经恢复正常,减少母体内铁元素的流失。
- 有助于妈妈们抵抗心脏病和骨质疏松症。
- 妈妈们坐着或者躺着喂奶的时候,也给劳累的自己一段休息放松的时间。
- 有规律地刺激妈妈产生"快乐、平静"的激素、催乳素和宫缩素。

- 母乳的营养成分会随着宝宝生长的需要而有所变化。

缺点

- 必须要学习。虽然是自然产生的，但是母乳喂养鲜少是"自动就会"的。对于新妈妈和宝宝来说，要掌握母乳喂养可能会出现困境。尤其是在宝宝出生的第1天或第1周内，母乳喂养还需要绝对的耐心和毅力。这正是产生不良情绪和挫败感的源头所在。但是，通过知识丰富的专业人士以及家人和朋友的支持和指导，可以帮助妈妈和宝宝实现并持续进行成功的母乳喂养。
- 如果妈妈施行了剖宫产可能会有些困难。剖宫产会导致母乳延迟，而且在哺乳的时候宝宝还可能会压到妈妈的伤口。但是不断地尝试母乳喂养，就可以促进母乳分泌，而且也可以采用多种姿势哺乳（例如躺着或者抱球式哺乳）让宝宝远离腹部。剖宫产的妈妈们也是非常可能成功地进行母乳喂养的。
- 可能会在公共场合引来不必要的关注，但是稍加练习就可以轻松地哺乳而不被注意到了。而且，因为越来越多的女士坚持母乳喂养，会更加频繁地看到女士在公众场合进行哺乳，也就不觉得意外了。
- 妈妈可能会有身体上的不适，比如被咬破的乳头和胀痛的乳房。但是通过正确的哺乳姿势、频繁地哺乳或抽吸母乳以及一些有效的生活习惯，比如胸部按摩和使用乳头防护霜，这些问题是可以被解决或预防的。
- 只有母亲可以进行母乳喂养。只有妈妈才能用乳房喂养宝宝，这是事实。但是现在，无论在什么地方，妈妈们都可以简单而迅速地用吸奶器把母乳装进瓶子，这样可以让其他人感受用母乳喂食宝宝的乐趣，也可以保证母乳量的充足；在返回工作岗位后，也可以用母乳来喂养宝宝。
- 可能很难知道宝宝到底吃了多少。但是如果在24小时内宝宝尿湿4~6片一次性纸尿裤（或6~10片布质尿布），并且有3~4次大便，说明宝宝应该是摄入了足够的食物。
- 学习母乳喂养的途径很多，如果这些建议有相互矛盾的地方，可能会让妈妈们感到挫败和混乱。但是坚持练习的话，他最终会找到自己的方式并获得成功。

有时，虽然尝试了所有的努力，但是母乳喂养就是不奏效，或是很罕见地不被建议进行母乳喂养（如果这个妈妈病得很重，而且需要一些特殊的药品——主治医生会让你知道是不是这样的情况）。如果你已经尽了最大努力依然无法哺乳，别担心，你的宝宝可以通过配方奶获得足够的营养，而且你也能通过抱着他喂奶而建立亲密关系。

配方奶粉喂养

优点

- 在没有母乳的时候（由于妈妈不在或生病）或是当宝宝不能代谢或吸收母乳的时候（如果他患有罕见的半乳糖血症），可以给宝宝提供充足的营养。
- 在妈妈不参与的情况下也可以随时给宝宝喂奶。

缺点

- 营养成分不如母乳。现在的配方奶粉中依然欠缺大约100种母乳中富含的营养成分。
- 无法提供抗体。
- 不能保证安全。在生产车间、奶瓶里以及奶嘴上都有可能出现污染物。
- 会浪费时间而且不方便。需要携带奶瓶,还要准备加热配方奶,这些都需要大量的计划和时间。
- 增加宝宝生病的风险。配方奶喂养的宝宝生病的时候,15次中大约有10次需要住院治疗。
- 价格昂贵。美国家庭每年平均要花费1300~3000美金来喂养食用配方奶的宝宝。这些费用中包括了购买配方奶、奶瓶、奶嘴以及预料中的生病看病的钱。
- 不利于妈妈的产后身体恢复。
- 一般不会像母乳喂养那样使宝宝和妈妈之间形成非常亲密的亲子依赖关系。

母乳喂养的基本知识

身体上的准备

怀孕的时候,乳房就会自然地为母乳喂养做好准备。在孕早期,乳晕(在乳头的底部)的颜色会加深。乳房增大,而且在怀孕的过程中,身体会储存多余的脂肪来为母乳喂养提供能量。

除了身体的自然变化外,你还可以为哺乳做如下的准备。

- 只用清水清洗乳头,不用香皂。香皂会洗掉上面的天然保护油脂。
- 不要让乳房变得"坚挺"。故意地扯动乳头可能会破坏乳晕中的微小腺体,而且在孕后期还会释放一种激素而导致开始宫缩(温柔地揉捏——例如在性爱的时候是可以的)。
- 不要在乳头上涂抹护肤霜和药膏。那样会堵塞毛孔并导致炎症。
- 穿戴合适的文胸有助于预防将来乳房下垂。你甚至可以在生产前就穿戴可调节的哺乳文胸。
- 如果你曾经有过乳腺癌或胸部手术,尤其是胸部缩小手术,或乳头移植手术,关于你是否可以进行母乳喂养,要咨询母乳喂养的专家和外科医生。你一定想知道乳腺输乳管或主要神经系统是否在手术中受损。
- 如果你的乳头凹陷，要与主治医生协商关于母乳喂养的事情。他会帮你在分娩前采取一些措施来调节乳头。
- 记住，乳房的大小和将来能哺乳的多少完全没有关系。母乳是在胸腔深处的腺体中产生的；脂肪组织使得胸部大小完全不会影响母乳的产量。

做好情绪上和精神上的准备

当你的身体自然地为母乳喂养做好准备的时候，你应该在情绪和精神上做准备。首先，有一个积极的心态非常重要。母乳喂养经常会遇到挫折，而且产后的激素水平会让你的心情产生剧烈的变化，一定要避开那些消极的人，并且寻找支持者来帮助你开始并持续成功地哺乳。咨询主治医生和分娩导师关于母乳喂养课程以及哺乳期咨询师（母乳喂养专家，受过训练的专门照顾母乳喂养的妈妈和宝宝的人）。

第 1 次哺乳

理想地说，你应该在产后 1 小时内就开始哺乳。宝宝在出生后会有一个留意观察的阶段，然后是一个会持续几小时的嗜睡阶段。当你在医院或者生育中心的时候，宝宝应该尽可能多地跟你"住在一起"或者待在一起。有些医院有特别的设计被称为"宝宝友善"计划，来声明他们会遵守让妈妈和宝宝尽可能待在一起的承诺。把你决定要母乳喂养的计划和愿望清楚地告诉助产人员。

如果你是剖宫产或者难产，第 1 次哺乳可能会推迟到你恢复之后，但是母乳喂养依然是很有可能的。你可以要求尽快抱着你的宝宝喂奶。

初乳

最初,你的乳房会分泌一种稀稀的营养丰富的黄色液体,它被称为初乳(早在怀孕第 16 周的时候,你就可以通过挤压乳晕而产生初乳)。这种物质含有营养丰富的蛋白质和抗体,可以防止宝宝被有害物质感染。尽早而频繁地进行哺乳是非常重要的,这样能够保证乳房最终产生母乳。初乳的量不大,你可能会担心宝宝摄入的营养不够。不要担心,新生儿胃的体积只有核桃大小,而且只要吃 7 毫升的初乳就可以填满胃部。不要给他继续喂食配方奶粉,除非主治医生或哺乳期咨询师建议这么做。

过渡期和成熟期的母乳

乳房通常在产后第 2~6 天(如果这不是你的第一个孩子)开始产生母乳。如果是剖宫产,乳汁有可能会推迟到第 1 次月经过后才有(这样的话,继续尝试母乳喂养宝宝,并向主治医生或哺乳期咨询师咨询)。母乳逐渐地由初乳转变为成熟的母乳。分泌的母乳量的改变都是为了满足宝宝的需求。母乳看起来很像脱脂牛奶(稀稀的、清澈的、白色的),但是与脱脂牛奶不同的是,它在冰箱里储存后会分层(轻轻地摇动母乳混合均匀即可)。

正确吸吮

宝宝的吮吸是一种条件反射(详见第一章第一小节)。含住乳头然后开始吮吸,但是有的宝宝可能无法很好地掌握这个动作。这些宝宝需要学会怎么准确地找到乳房、抓住、吮吸,然后一边吃一边吞咽。如果宝宝在出生后

1~2周内过于频繁地吮吸人造乳头或者安抚奶嘴，他可能很难正确地吸入母乳（乳头混淆）。正确的吸入不会让妈妈感到疼痛（即使最初的大约1分钟内你可能会感到一点疼痛），而且可以刺激健康的母乳供应，使得母乳分泌越来越好，让宝宝满足，还可以预防乳房肿胀。正确的吸吮，舌头需要放在乳房的下面，并且把乳头和乳晕部分全部含入口中。嘴唇不需要发出声音，但是要向外反转，嘴巴大大张开。你可能需要挤出几滴母乳涂抹在乳头上，或者轻轻抚摸宝宝的脸颊或下嘴唇。如果你的宝宝无法正确吮吸，向主治医生或哺乳期咨询师寻求帮助。他们可能会建议你使用吸奶器或乳头增强器。

排乳反射

一般来说，母乳不会在宝宝开始吮吸的时候马上就分泌出来，通常需要几分钟的吮吸去刺激放乳反射，这样才会形成母乳分泌。当宝宝开始吮吸你的乳房时你也会开始有反应，你的体内会产生大量的催乳素，使得乳腺和乳管中释放出乳汁。

很多女士经历这样的反射时觉得像是胸部的一种酸麻的、刺痛的、差不多是触电的感觉。除了宝宝的吮吸，其他的刺激也会引起反射，包括：宝宝的哭声、吸奶器、乳头增强器、性爱的刺激、温水洗澡或者似乎是什么都没做！这种感觉会随着哺乳期的持续而逐渐退化，而且常常在哺乳几个月后完全消失。不论你是否有这样的感觉，通过倾听宝宝规律地、满足地吞咽声，你也会知道母乳是否在持续地分泌。

在哺乳最开始的几天或几周内，刺激母乳分泌的激素同样也可以刺激子宫的收缩并使之缩小到正常尺寸。哺乳时伴随这样的"产后痛"是正常的，当子宫恢复到正常尺寸后就会停止。这通常也可以作为正确吮吸的一个标志，还可以帮助减少子宫出血。由于体质不同，有人产后宫缩痛会比产前宫缩痛更严重。

乳汁的供给和需求

母乳的分泌是以供给需求为基础的。宝宝吃得越多,排空乳房的次数越多,分泌的母乳就越多。在出生后第1周内,让宝宝尽可能地频繁吃母乳来刺激母乳分泌。如果宝宝吮吸人造乳头或安抚奶嘴过于频繁,他可能无法衔乳并成功哺乳,这样就会延缓你的母乳分泌。如果你补充了别的喂养方式(详见第132页)也不要让宝宝吃得太饱,因为那样可能会导致宝宝在你涨奶的时候却不饿,进而影响乳汁分泌。

如果你的宝宝在哺乳后很快就感觉饥饿,要再次喂他。很快你的乳房就可以产生足够的母乳了。在母乳开始分泌几天后,你很快就能通过宝宝每天尿湿的或有大便的尿布数量,来判断他是否摄入了足够的母乳(应该每天尿湿4~6片一次性纸尿裤,或6~8片布质尿布,而且大便3~4次)。如果保持母乳的供应一直是个问题,要向主治医生或哺乳期咨询师寻求帮助。他们可能会建议你一些方法来帮助建立并维持母乳的供应。

按需喂养

按照宝宝的需求喂养——那就是,宝宝饿了就哺乳。不要让宝宝饿到特定的时间再去哺乳,这么做会让你们两个都感到难过。相反,要观察他饥饿前的表现,像是警觉或乱动,嘴巴张张合合,伸出舌头,扭动头部,被抱着时把头转向乳房的方向,还喜欢吮吸拳头(或是吮吸任何东西)。在最初的几天乃至几周内,有时新生儿每天需要哺乳12次甚至更多,最少要哺乳8次(在讨论哺乳频率的时候,时间是指开始一次哺乳到下次哺乳开始的时间,不是哺乳结束的时间到下次开始)。频繁的哺乳可以让你的乳房分泌更多的乳汁，可以帮助避免发生一些潜在的问题，例如宝宝脱水以及出现黄疸。

一些宝宝在出生 2~3 周就可以进行可预测的哺乳模式。比方说，他们每天会每隔 2~3 小时哺乳一次，在夜间可以延长至每隔 4~5 小时哺乳一次。这种方式被称为"集中哺乳"。然而，并不是所有的宝宝都可以在预定的时间哺乳，当他们进入快速生长阶段的时候要改变哺乳模式。进入快速生长阶段的标志通常就是宝宝会更加频繁地吮吸，这样也会促进乳汁的分泌来满足他增长的需求。一般来说，宝宝在第 2~3 周、第 6 周、第 3 个月和 6 个月都是快速生长期。但是，快速生长期只是宝宝改变哺乳模式的原因之一。即使没有什么明显的原因，他也可能会改变。

哺乳时宝宝睡着了也不需要叫醒他继续吃，除非他的体重有所下降，出现黄疸（如果你的宝宝出现黄疸，他可能会在哺乳的过程中睡着），或每天哺乳的次数不够频繁。记住：要注意宝宝饥饿的征兆，而不是时间。正确的方式是遵照宝宝的需求，才能让他保持愉快并吃得饱。

每次哺乳需要持续多长时间

让宝宝根据自己的意愿尽情地吮吸两侧的乳房，需要的时间各有不同，有 5~10 分钟到 20~40 分钟甚至更久。宝宝吃饱后就会自动松开乳房。哺乳的时间长短一般取决于宝宝的大小和哺乳方式。有些宝宝吮吸的时候很用力，速度很快，哺乳的时间就比较短。有些宝宝吮吸的时候小口吞咽，停顿之后再继续吮吸。还有一些宝宝在哺乳的时候会睡着，清醒后接着吃。

倾听宝宝吃奶时的声音；如果他很积极地吮吸，而且在哺乳的过程中都在吞咽，他就可以摄入自己需要的母乳量。同样地，如果他每天都尿湿

4~6片一次性纸尿裤（6~8片布质尿布），大便3~4次，而且在哺乳后看起来很满足，就说明宝宝摄入了足够的母乳（如果不是这样，向主治医生或是哺乳期咨询师寻求帮助）。

临时停止喂奶

虽然最好不要在哺乳的时候打断他，但是你也有可能出于某些原因需要暂停喂奶。这时候，可以轻柔地把一根手指轻触宝宝的嘴角，宝宝就会吐出乳头了。

先喂哪边的乳房更好

宝宝吮吸第1个乳房时总是吃得最起劲，因为他开始的时候处于饥饿的状态。强有力的吮吸会让你的身体分泌更多的乳汁，所以要让两侧的乳房都对等的接收到这样的信号，就要交替递给他两侧的乳房。（在你的哺乳内衣上使用安全别针，就可以提醒自己下一次要先把哪一侧乳房递给他）。关于每次哺乳的时候是只让宝宝吮吸一侧还是两侧都给他，也是众说纷纭。每次哺乳的时候都要完全排空一侧乳房，比起最先分泌的稀稀的"前奶"，给宝宝提供营养丰富的"后奶"才是最好的，这对于宝宝的生长和发育是非常重要的。在最初的几周内，不论你用什么方式都是可以的。记住，宝宝会在出生后的几天内体重减少7%~10%。在2周之内他又会重新达到出生时的体重。

维生素的补充

多年来，关于母乳喂养的婴儿是否需要补充维生素的观点都是众说纷纭。现在，美国儿科学会（AAP）建议父母从出生开始为纯母乳喂养的宝宝每天补充400单位（10微克）的维生素D（因为他每天只能从母乳中获得极少量的维生素D）。维生素D可以帮助强健骨骼，增强免疫系统，降低一些慢性病的发病率，如糖尿病。美国儿科学会的建议是基于人们要通过皮肤暴露在阳光下才能产生维生素D的原理，而新生儿无法接触足够多的阳光，尤其是在冬天。

哺乳妈妈们要在饮食中摄入充足的维生素和矿物质也尤为重要。建议服用孕期维生素或多元维生素矿物质复合片作为补充，以确保母乳的营养成分。（更多关于哺乳期饮食的内容，详见本章"哺乳妈妈的需求"。）

氟化物是一种可以强健牙齿的矿物质，建议所有6个月及以上宝宝使用（详见第六章"宝宝的健康护理"）。关于氟化物的问题以及宝宝如何获取（以及他应该获取的量），要询问宝宝的主治医生。

添加其他喂养方式

在最初的几周内，要集中精力使宝宝形成良好的含乳习惯和吮吸的正确姿势（注意宝宝是否有脱水、低血糖症或者黄疸水平的不正常状况，如果有，通过补充哺乳系统，简写为SNS，来补充喂养，或用奶瓶喂食预先挤出的母乳或配方奶粉也是可以的）。几周后，如果他哺乳情况良好，你可以开始让他尝试奶瓶（盛有预先挤出的母乳或配方奶）。1周用1次奶瓶不会对母乳的分泌造成影响，而且这样会让宝宝既可以接受乳房又可以接受奶瓶。记住：如果你的宝宝还不会含入并吮吸乳房，在那之前不要让他接触人造奶嘴或安抚奶嘴，否则只会干扰正确吸吮的实现。

吸奶

吸奶可以让妈妈以外的人给宝宝喂食母乳,而且可以让工作中的女性继续母乳喂养。吸奶还可以维持母乳的产量,并消除胸部的胀痛。有些女士用手挤出母乳,但是吸奶器——自动的、装电池的、插电的或是手动的——都是更有效的挤出母乳的方式。可以购买或是租赁,或许你也可以幸运地借到一个。在挤奶的过程中你不会感觉到疼痛或者不适,确保所有接触到乳房或乳汁的吸奶器的部件都是干净的。如果使用吸奶器,要把两侧乳房都吸空以维持母乳的供应量。

挤出的母乳要存放在有密实盖子的奶瓶、杯子或者母乳专用塑料袋里(一袋90~120毫升),然后把容器放在冷冻或冷藏室中。新鲜的母乳最多可以室温存放6个小时,冷藏条件下可存放3~5天。冷冻的母乳可以在-18℃的低温条件下存放3~6个月,如果存放在立式冰箱里,可保存至少2周。放在冰箱中的母乳要标注日期,并且先食用日期最久的。

大多数宝宝更愿意食用高于室温温度的母乳。绝对不能使用微波炉加热母乳,微波炉会产生高热部位并降低母乳的质量,容器也可能在微波炉加热的过程中发生爆炸。要把容器放置在温水中回温。

吸奶器

如果你需要经常吸奶（或许你的宝宝有吸入困难），可以考虑从医院、哺乳期咨询师或医疗器械商店租赁一个双侧的、医院等级的吸奶器。这是最快而且最有效的吸奶器，但是它体积大且非常昂贵。

另外，还可以考虑自己购买吸奶器。有以下3种主要类型。

- **自动的、个人使用的吸奶器**。此类型有强大的电机以及快速吸力，而且可以同时排空两侧乳房。这种类型是最贵的选择（一般在300美金左右），但是往往都配备携带箱和其他配件。这是要重新开始工作并需要经常挤奶的妈妈们很好的选择。
- **小型的电动或安装电池的吸奶器**。与自动吸奶器相比，它比较轻便，也比较便宜（价格一般在50~150美金），但是速度也慢很多，一般一次只能排空一侧乳房。对于只是偶尔挤奶的妈妈来说，这是最好的选择。
- **手动吸奶器**。此类型不能插电源或安装电池，妈妈们通过挤压球状物或杠杆来制造吸力。这种手动吸奶器很方便，但它也是速度最慢的选择，而且还可能无法排空乳房。很少有需要挤奶的妈妈们会选择这种类型的吸奶器。手动吸奶器的价格在30~60美金。

逆循环喂养

如果工作的时候无法挤奶，另一个可行的办法就是逆循环喂养，即越来越多地在傍晚和夜间喂奶（宝宝可以在白天补充一些预先挤好的母乳）。你的宝宝可能会在你离开的时候多睡觉，而且你可能想要让宝宝晚上跟你在一起以方便哺乳并增加亲密的时间。如果你担心他是否能够摄入足够的食物,可以检查他的尿布和体重(摄入足够食物的话,他每天都会尿湿4~6片一次性纸尿裤,或6~8片布质尿布,并大便3~4次)。

乳房的护理

- 佩戴哺乳内衣(可接触到乳房的便捷开口非常方便),甚至每天24小时都要佩戴,母乳喂养期间棉质的哺乳内衣可以让乳房保持"透气",还要确保内衣的大小合适。
- 每次哺乳后让乳头自然晾干15分钟(如果可能的话)。为了防止乳头皲裂,可以在乳头上涂抹一些初乳、母乳或温和的绵羊油。
- 每天清洗乳房,但是不要使用香皂。香皂会洗掉天然的油脂,并可能导致乳头皲裂。自然风干即可。
- 如果你的乳头溢乳,可以在内衣里贴一层薄薄的一次性棉垫,或可清洗的、可再次使用的乳房垫,这样就可以保持衣服的干爽。不要使用防水隔层,这样皮肤会不透气的。

涨奶

当你第一次分泌母乳的时候(通常是产后第2~6天),你的乳房可能会有种被胀满的感觉。假如你的宝宝能正确地吸入乳汁的话,这种不舒服的、常常会有疼痛的感觉会在几天内有所缓解(当你的宝宝喂奶间隔时间过长的话,你随后可能还会有这样的感觉)。在此期间,频繁地哺乳有助于缓解乳房被胀满和敏感的感觉。乳房过于胀满会使乳头变平，不利于宝宝的吸入。在乳头上挤出几滴母乳让它变得柔软，也可以让宝宝轻松地吸入。佩戴有支撑的内衣，会让胸部回收并减少母乳的产量。你也可以在哺乳前用温水清洗或用温热的毛巾热敷，这样有助于你的乳汁开始从乳房滴落，还可以使乳头变得柔软。当你为宝宝哺乳时，可以轻柔地按压乳房来促进母乳的分泌。在哺乳的过程中变换宝宝的位置，也可以有助于母乳的分泌。在宝宝刚开始吮吸一侧乳房时，他可以想吃多久就吃多久。当他停止吮吸或开始入睡时再给他另一侧乳房。如果他不想再吃，用吸奶器吸出或手挤出足够多的母乳来缓解不适。如果温水或热敷并不见效，可以考虑在哺乳结束后或哺乳期间使用一块凉的布或大米包放在乳房上面，来缓解敏感和胀痛。有些主治医生会建议服用布洛芬。

乳头疼痛

很多母乳喂养的妈妈们都感受过乳头的剧烈疼痛，即使是在喂养第2个或第3个孩子的时候。这种疼痛会持续好几天甚至好几周。为了预防疼痛，一定要确保宝宝学会如何正确地吸入（详见本章"哺乳的姿势"）。同时，只用水清洗乳头，并在清洗和哺乳后让乳头自然风干。如果你的乳头皲裂、起泡或疼痛（尤其是在宝宝哺乳的时候疼痛会加剧），可以尝试在哺乳时变换宝宝的位置来让不敏感的部位承受压力。挤出的母乳或含有绵羊油成分的润肤霜，可能会有助于减轻乳头的疼痛。短期内使用乳房保护垫和水凝胶垫（药店有售）也可能有助于缓解疼痛。如果乳头的疼痛没有缓解，让主治医生或哺乳期咨询师来为你检查乳房。

乳管堵塞及乳腺炎

如果乳房内的母乳没有被吃完，有时会导致乳管的堵塞、发炎和疼痛。乳管堵塞时可能会有很小的、坚硬的、疼痛的肿块或是乳房内有压痛点，有时会导致乳房红肿。

导致乳管堵塞的原因包括：不合适的内衣、缩短或跳过哺乳时间、坏的吸奶器、受冷或受到压力。有时候发生时看起来好像没有任何原因。要帮助清除乳管的堵塞，最好的治疗方式就是尽可能地频繁哺乳然后让自己尽可能地休息。你也可以按摩疼痛的部位或用热敷的方式。在哺乳时变换宝宝的姿势也可能会有帮助，而且有些有经验的女士声称，如果转变宝宝的姿势让他的下巴靠在疼痛的区域，宝宝吃奶时下巴的蠕动能够有助于乳房恢复。有些女士使用草药，例如紫锥菊、卵磷脂和维生素C，还有些人服用少量的布洛芬来帮助他们缓解疼痛和炎症。在使用任何草本治疗或药物前，要告诉你的主治医生。

未经处理的乳管堵塞可能会转变为细菌感染后的乳腺炎。被感染的乳房会变得红肿而敏感，而且这种感染会导致发热、疼痛和恶心。乳腺炎不会伤害宝宝。治疗乳腺炎就要继续给宝宝哺乳，因为只有排出乳汁才能有助于清除炎症。如果哺乳时有剧烈的疼痛感，就只用未受感染的一侧乳房哺乳。而且要联系主治医生，他可能会提供处方抗生素来消除炎症，也可能使用嗜酸乳杆菌以防止继发酵母菌感染。

酵母菌感染

胸部受到酵母菌感染经常出现在抗生素治疗之后，或是当妈妈患有阴道酵母菌感染的时候。宝宝被酵母菌感染后会出现酵母菌尿布疹或鹅口疮（一种口腔内的酵母菌感染）。酵母菌感染会让你的乳头感到刺痛或疼痛，而且可能会在哺乳时有非常痛苦的刺痛和灼热的感觉，有时胸部会出现白斑。不论是妈妈还是宝宝，不管是否有可见的症状，都需要接受治疗。向主治医生询问治疗建议，治疗药物应该包括抗真菌药膏、口服药或涂抹乳头的药液（详见第六章）。

打嗝

宝宝在哺乳时可能会经常打嗝，这是很常见的。他可以继续吃奶，打嗝也会自动停止。

啃咬乳头

当宝宝开始长牙时，他就会在哺乳时开始啃咬妈妈的乳头。要知道，他并不是故意的，也不是通过啃咬来表示不想吃母乳。当然啦，这是他的新牙齿或牙齿还未真正萌发出来引起的牙龈不适，啃咬任何物品都会让他们感觉舒适。

这也并不意味着当宝宝啃咬你的时候要忍着疼——会被咬伤的！啃咬通常在哺乳快结束的时候发生，这时他已经吃饱了而且只是在玩耍。只要你有被咬到的感觉，就要轻柔且坚定地对他说不，然后把乳房抽离。坚持用这样的态度，就可以教会他不去啃咬。

早产儿、患病儿和多胞胎

很多早产儿或患病儿都可以接受母乳喂养。事实上，母乳通常可以提供有助于生长和预防疾病的最好的营养（对于早产儿尤为重要，他们是易受感染的高危群体）。如果你无法对宝宝进行母乳喂养，你可以预先吸出母乳，最好每天可以吸出 8 次，然后通过喂食管、杯子或奶瓶将母乳喂给宝宝。生产多胞胎的妈妈们不止要喂饱一张嘴，很多时候要学着同时为两个宝宝哺乳，每个宝宝吃一侧乳房。多胞胎妈妈哺乳时，如果能有哺乳期咨询师或国际母乳协会的母乳喂养组织的帮助是非常重要的，这样可以保证所有的宝宝都能摄入他们所需的营养。

对哺乳妈妈们的支持

虽然给宝宝进行母乳喂养是一种本能，但仍然需要献身精神和实际练习。困难，比如肿胀和感染，都会让妈妈们感到沮丧。在职的妈妈们会觉得每天吸奶很不方便，而且需要花费很多时间。有些妈妈们还觉得哺乳会把他们和宝宝绑在一起，简直没有自由可言，因为他们得随时为下一次哺乳做好准备，这样就哪儿都不能去。

哺乳妈妈们需要精神上的支持，也需要有基本常识。母乳喂养的组织，如国际母乳会（LLL），它的目的就是为你提供支持和鼓励。国际母乳协会的分会还会定期举行会议以帮助世界各地母乳喂养的妈妈；很多社团也会有哺乳期咨询师，他们能帮助建立和支持母乳喂养；越来越多的医疗保健机构都聘有母乳喂养专家。在需要时寻找你所在区域的母乳喂养专业人士的支持。

哺乳妈妈的需求

休息

拥有足够的休息时间对于提高母乳的产量是至关重要的，尤其是在母乳喂养的第 1 周内。你的身体仍然处于产后的恢复期，休息不足可能会让你感觉更有压力，这通常会影响母乳的产量。你可以试着在宝宝睡觉的时候休息一下，并且忽略所有你不想做的事情。那些事情自然会解决的，现在是要关注你和宝宝的时间。

放松

尽可能地让自己放松，尤其是在为孩子哺乳前。情绪上和身体上的紧张可能会影响你的排乳反射，而且也会影响宝宝的吸吮。尝试着在哺乳前坐在一把舒适的椅子里，然后播放轻柔的音乐。

补充水分

哺乳期的妈妈需要补充大量的水分（每天 6~8 杯）。养成在每次哺乳前或哺乳中喝掉一大杯水或其他液体的习惯。哺乳时你可能会觉得更加口渴。虽然这样也不能强迫自己喝水。只要喝完能够缓解口渴的量就可以。淡黄色的尿液能够证明你已经摄入了足够的水分。

药物

很多药物在哺乳期服用都是安全的。但是在服用任何药物前（处方或非处方药），要提前通知主治医生或哺乳期咨询师。

饮食

在母乳喂养期间，妈妈体内的营养会首先转化为母乳，然后再提供给自己。除非你极度缺乏营养，否则你所食用的所有食物通常都会满足母乳的需要；但是你的饮食也会影响到母乳量的多少。哺乳期的妈妈需要摄入比自己需要的最低热量多 25% 的热量（也就是说，如果你每天食用 8400 焦，你就需要多食用 2100 焦），而且饮食除了要营养全面，还要包含大约 65 克的蛋白质和大量的钙（如果担心你的体重，记住，母乳喂养平均每天会消耗 2100 焦的热量）。下面是为你提供的饮食指南（关于个人的每日饮食计划，参见 http://www.choosemyplate.gov.）。

食物种类	每日所需的量	来源
乳制品	3 杯	乳酪、奶油冻、牛奶、布丁、酸奶
肉类和豆类	184 克	鱼、干豆、瘦的牛肉或猪肉、扁豆、家禽、蛋（注意：坚果和花生酱中的蛋白质会出现在母乳中，如果你有家族遗传的过敏或哮喘，要咨询你的主治医生）
水果和蔬菜	5.5 杯	深绿色的绿叶蔬菜、橙色和红色的蔬菜、猕猴桃、牛油果、橙子

食物种类	每日所需的量	来源
谷物	255克	面包、碎小麦、谷物食品、薄饼、意大利面、米饭
甜食和脂肪	适量	薯条、曲奇饼干、糖果

记住如下几个要点：

- 年轻的哺乳妈妈需要更多的乳制品和蛋白质。多胞胎的妈妈可能每日的饮食都需要多摄入4200焦的热量。如果你是一位十几岁的妈妈或是多胞胎妈妈，需要向主治医生或营养师咨询关于你每日母乳喂养所需的营养需求。
- 如果你有很严重的食物过敏家族史，你的饮食需要被特别严格地控制（有关食物过敏的更多内容，详见第348~350页）。
- 食用某些食物可能会影响母乳喂养。

　　——少吃会导致胃部胀气的食物（例如圆白菜、西兰花、大蒜和洋葱），如果你发现在食用了这些食物后宝宝会变得烦躁的话。

　　——咖啡因也可能会让宝宝烦躁。很多妈妈能够控制减少咖啡因的摄入量（1~2杯），就没什么问题了。

　　——有些宝宝对牛奶中的蛋白质过敏。如果你觉得宝宝有过敏症状，2周之内不要食用或饮用任何含有牛奶成分的食物，并观察他的症状（湿疹或皮肤疹，腹部疼痛或绞痛，呕吐或腹泻）是否消失。

　　——哺乳期间最好不要经常饮用大量的酒精或吸烟（与早期的观点不同，饮用啤酒不会增加母乳的供应量）。酒精会通过血管进入母乳中，而且大量饮酒会伤害到哺乳中的宝宝，同样也会影响你照顾宝宝的能力。如果你非常谨慎的话，少量饮酒（偶尔喝

1杯）也是可以的。饮酒后，酒精会在30~90分钟进入母乳中，所以，如果你要在这段时间哺乳的话，就需要"吸出来倒掉"。也可以考虑在饮酒之前给宝宝哺乳，这样可以给自己留出足够的时间让酒精在下次哺乳之前排出体外。如果你打算一边吸烟一边给宝宝哺乳的话，宝宝同时也在吸二手烟。如果你实在无法戒烟，相比之下，还是吸烟的同时母乳喂养比因吸烟而放弃母乳喂养更好些（确定如果有人吸烟的话，最好让他远离你和你的宝宝）。可以向主治医生了解关于母乳喂养时饮酒和吸烟的问题。

注意：在极少数的例子中，如果妈妈有严重的病症，并且所需的药物会影响母乳喂养的话，宝宝在1岁之内会断奶。如果你是这样的情况，自己要根据情况进行调整并向主治医生咨询准备第2种方案。根据宝宝的年龄和哺乳的次数，有些药物也可能不会伤害到他。

哺乳的姿势

摇篮怀抱式的详细步骤

第 1 步：跟宝宝一起坐在舒适的椅子里。你可能会觉得使用脚凳更为舒适，同时再用枕头帮助支撑宝宝（有特殊设计的枕头可以帮助你把宝宝抬高到跟乳房相同的高度）。把宝宝的头侧放在你的臂弯处，用手臂支撑住他的身体，然后用手撑托住他的臀部。你和宝宝应该是腹部相贴。把他放在你身下的手臂环绕到你的身侧，这样就不会挤到宝宝的手臂了。

另一种怀抱宝宝的方式是把他的头放在你的手掌上，用手臂支撑住他的身体，然后把他的臀部和其他部位放在你的臂弯里。这种姿势被称为交替

或交叉摇篮式怀抱,很多妈妈发现这种姿势比传统的摇篮式更容易哺乳。

第 2 步:形成"乳房三明治",用另一只手扶着乳房,一个手指放在乳房的一侧,大拇指放在另一侧,距离乳晕大约 5 厘米的位置。

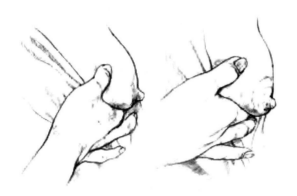

第 3 步:把宝宝拉向自己。用乳头轻点他的上嘴唇直到他的嘴巴大大张开。

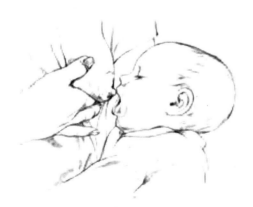

第 4 步：把乳头对准宝宝的鼻子，这样宝宝只要张嘴就能够对准需要含接的正确位置。当宝宝正确含住乳头时，你可以通过大拇指或手指按压乳房的方式调整乳头的位置。但是这种方法容易改变乳头的含接位置，宝宝常会把妈妈的乳头吃得很疼。如果宝宝没能正确地含接乳头，最好把乳房抽出（轻柔地触碰他的嘴角打断他的吮吸），然后再次尝试。

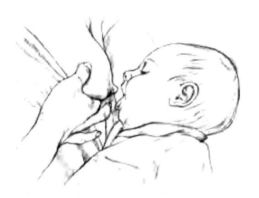

第 5 步：当宝宝正确地吸入后，他的下嘴唇会向外翻出包裹住乳房。如果下嘴唇向内卷曲，轻轻地向外拉他的下巴直到下嘴唇向外翻转。正确吸入的另一个标志是宝宝的脸颊会正对着乳房，可听到吞咽声，而且在哺乳的过程中你和宝宝都会感到舒适。

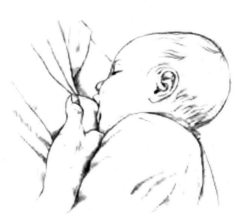

躺卧式的详细步骤

如果你是剖宫产,也许会喜欢这种方法,因为这样可以让宝宝远离你的腹部。

第 1 步:侧身躺在床上或是宽敞的沙发上,并在你的头和肩膀周围放置枕头。

第 2 步:微微弯曲你的身体,这样你的宝宝就可以更好地贴近你。

第 3 步:让宝宝侧躺,轻轻地抬起他的头并支撑着放在你的臂弯上。把你的前臂弯曲环抱着他,然后把他的双脚拉近你,这样他的角度就刚好可以贴近你的身体。这个姿势可以让他的鼻子在哺乳时自由呼吸。

第 4 步:确定你完全支撑在家具或是枕头上,而不是用背部肌肉和手肘支撑身体。接着根据摇篮怀抱式的第 2 步到第 5 步,让你的宝宝正确含接乳头。

> **注意**:你的乳房还在宝宝嘴里的时候不要让自己睡着,这是很重要的。由于母乳中含有乳糖,宝宝嘴里残存的母乳会让萌发的乳牙变成龋齿。躺卧式哺乳的宝宝也会有更大的概率患上耳部感染。

足球抱式的步骤

（如果你是剖宫产也许会喜欢这种方法，因为这样可以是宝宝远离你的腹部。）

第 1 步：找一张舒适的、结实的椅子或睡篮。你可以在身后放置一个枕头来支撑你的背部，或是放在宝宝的身下，这样可以把宝宝的位置垫得高点，让他吃起来不费劲。

第 2 步：哺乳时不要向前倾，否则你会觉得背痛。

第 3 步：像抱着足球一样抱着宝宝（参见下图），让他转向你的这一侧。

第 4 步：用手托着宝宝的头部，保持高于胃部的高度。这种姿势可以让他更好地排出吞咽进去的空气。接着根据摇篮怀抱式的第二步到第五步，让你的宝宝含接乳头。

> **注意**：关于拍嗝的详细内容，详见本章"拍嗝和吐奶"。

断奶

什么时候断奶

关于你的宝宝应该什么时候断奶,并没有一个确切的时间规定;虽然如此,一般建议宝宝母乳喂养至少 1~2 年。

在第一年里,你的宝宝也许会突然拒绝母乳。在这个年纪,他的拒绝通常并不意味着他已经准备好了要断奶,更加可能是他正处于"厌奶期"。哺乳的顺序或时间的改变,你的紧张程度的改变,或者仅仅是你更换了使用的香体剂或香皂,都可能引起宝宝拒绝接受母乳。如果你的宝宝已经 6 个月以上,他变得贪玩了,各种各样的事情在吸引着他,可能就是他对哺乳失去兴趣的原因。在你的耐心和坚持下,他应该会重新接受哺乳。向主治医生或是哺乳期咨询师询问如何让你的宝宝重新开始吃母乳。

自行断奶的宝宝通常需要逐渐地适应持续几周乃至 1 个月。自行断奶一般是伤害最小而且不会产生问题的断奶方式。然而,如果你决定要为宝宝断奶,他可能需要被更多的关注,别让宝宝因为断奶而感觉到被妈妈抛弃了进而情绪低落。请尽可能地给他全部的拥抱和关爱。

如何断奶

如何断奶应该比什么时候断奶更加重要。什么时候只是一个时间问题，而付诸行动要逐渐地、温柔地，还要充满爱意和耐心。

- **你要尽可能地灵活**。不要设定严格的目标或准确的时间表。
- **避免突然断奶**。因为这样做会导致你体内的激素突然大量流失，还可能会让你觉得抑郁——而且失去了跟宝宝直接哺乳时的亲密关系可能会加剧你的抑郁情绪。突然断奶也会让你的宝宝受到精神创伤，因为哺乳不单是宝宝获得营养的途径，更是宝宝获得舒适感和心理安慰的精神依靠。
- **可以每隔一段时间减掉一顿奶**。一般会首先取消午睡时的哺乳。很多孩子会在睡觉前或早上刚醒来的时候黏着乳房很长时间。除了食物之外（如果你的宝宝已经开始食用辅食），用杯子或奶瓶给你的宝宝喂食挤好的母乳、配方奶粉或水。如果你使用奶瓶断奶，要选择流速慢的奶嘴。断奶过程中，每隔两三天都尝试用奶瓶或杯子代替母乳。很多宝宝都可以在1~2周内完全断奶。
- **如果你计划从母乳转变为配方奶或牛奶**，然而你的宝宝不喜欢那种口感，给他尝试一半母乳加入一半配方奶粉或牛奶的混合物。
- **如果你的宝宝断奶较早**，他可能会想要吮吸点什么，尤其是睡觉前。给他一个杯子、安抚奶嘴或奶瓶（不要在床上给宝宝使用奶瓶）。
- **除了很小的婴儿，大多数的宝宝通常可以断奶后直接使用杯子**，一个有重量的、有两个把手的带无阀喷嘴的杯子最适合刚刚学习喝水的宝宝。
- **如果是渐进式的断奶**，就可以避免乳房胀奶的问题（详见本章

"母乳喂养的基本知识")。如果你在错过一次哺乳后,乳房因涨奶而变得非常不舒服时,可以挤出一些母乳——只要挤出足够让自己感觉舒服的量即可。不要挤出过多的母乳,否则会刺激分泌更多的母乳。

- **如果你的宝宝已经成功断奶**,但是他却开始出牙或是得了感冒,就可能想要重新吃奶。不要在宝宝痛苦的时候拒绝去安慰他。当他有所好转的时候,你可以再次恢复断奶。

配方奶喂养的常识

这一节主要关注如何给宝宝喂食配方奶,但是你也可以按照本章"母乳喂养的基本知识"的内容学习如何给宝宝喂食挤出的母乳。给宝宝喂食自产的配方奶或牛奶(在第 1 年内)都是不安全的。

配方奶的种类

配方奶有多种不同的形式和不同的成分。配方奶的生产企业都在不断地改变和更新他们的产品,通常都在努力让自己的产品更接近母乳的成分。不同品牌的配方奶之间的区别微乎其微,然而不同品牌的价格却相差甚远。很多公司在配方中添加了维生素,这样就无需再另外补充维生素了(不管怎样,在每天进食总量未超过 900 毫升之前为配方奶喂养的宝宝提前添加维生素 D 是值得推荐的)。美国儿科学会(AAP)建议在第 1 年中食用含铁的配方奶,可以促进正常的大脑和身体发育。有些父母担心摄入过多的铁元素会导致他们的宝宝便秘。事实上,铁元素确实会导致腹泻或便秘,但是通常这两种情况都跟你给宝宝吃了多少铁没有直接关系。如果便秘已经成了一个问题，你可以一边治疗一边依然给宝宝食用含铁的配方奶粉（详见第六章"小儿便秘"）。大多数宝宝喜欢他们最先食用的配方奶，而且除非某个医生指出，否则最好不要更换配方奶。与宝宝的主治医生讨论，看他建议你的宝宝食用哪种配方奶。

下面是 3 种市面上销售的配方奶：

- **以牛奶为原料的配方奶**：把牛奶转变得更加类似母乳，添加维生素、矿物质、碳水化合物以及非乳类脂肪。有些以牛奶为原料的配方奶是"不含乳糖的"，但是一般不需要选用这类的，除非食用后出现腹泻的情况。当宝宝出现乳糖不耐受，问题往往是蛋白质而不是牛奶中的糖分（乳糖）。

- **以黄豆为原料的配方奶**：以黄豆为原料，也添加了维生素、矿物质、碳水化合物以及脂肪。通常是对牛奶蛋白过敏的宝宝食用（无论如何，应该知道至少有 50% 对牛奶蛋白过敏的宝宝也同样会对黄豆蛋白过敏）。

- **水解蛋白配方奶**：以牛奶为原料，但是把其中的蛋白质分解掉，使其更容易消化吸收。这种配方奶是温和的或是低过敏性的，适合严重蛋白过敏的宝宝，但是价格也是一般的牛奶或黄豆配方奶的两倍。

> 配方奶还可能会标注其他特点，包括添加了油脂、益生元（自然食物提取物，有助于促进肠道黏膜的健康）、益生菌（一种"友好的"细菌）或有机成分。这些特点都不能证明它物有所值。一般的配方奶就是可以接受的而且较为廉价的选择。

婴儿配方奶的包装有3种。

- **瓶装的成品奶**：工厂按照配方奶冲调比例预先调制好的，可以直接食用。这是最昂贵的配方奶，但也是最方便的。
- **粉末状的配方奶粉**：必须要与水混合食用。你可以每次准备一瓶配方奶。
- **浓缩的液体配方奶**：在倒进奶瓶之后必须要用水稀释。

配方奶的储存

- 一旦你打开了一罐浓缩的或开罐即食的配方奶并准备好了奶瓶，罐中剩余的配方奶要盖好盖子密封冷藏保存，最长为48小时。超过这个时间就要扔掉。
- 一旦你打开一罐粉状配方奶粉，要盖上盖子在阴凉干燥的地方储存。标签上的内容会告诉你这罐奶粉的保质期。
- 当你调配好一瓶配方奶后，要么马上食用，要么冰箱冷藏。冰箱冷藏的配方奶在24~48小时内可以安全食用。
- 如果你要离开家2小时以上，就要随身携带准备配方奶的必需品，而不要在家里冲好，这样可以保持新鲜。
- 奶瓶中冲好的配方奶在室温下存放2小时后，配方奶中就会开始滋生细菌（气温很高的时候存放半小时就会有细菌）。如果你的宝宝食用了一部分配方奶，1小时后就要把剩余的扔掉（他口中的细菌会在配方奶中生长）。如果他未曾食用，你可以把奶瓶放入冰箱冷藏，然后在48小时内食用。

冲调配方奶

小贴士

- 有常识和良好的个人卫生习惯,不需要把所有的餐具和使用的水都进行消毒。定期清洗餐具,并且在冲调配方奶之前用热的肥皂水仔细地清洗双手。
- 根据宝宝的主治医生嘱咐的量,或是配方奶生产厂商建议的量,准确地冲调配方奶。配方奶冲调得过于黏稠或是稀释,都有可能会让宝宝生病。
- 根据本章"冲调配方奶粉的步骤"的步骤来冲调粉状的或浓缩的配方奶。开罐即食的配方奶无需准备,只要倒进干净的奶瓶即可。

喂养器具

市面上有很多款式的奶瓶和奶嘴供你选择。你的宝宝也许会喜欢某一种奶嘴,而且你可能发现有些奶瓶比其他的更为方便。下面的列表中列举了你所需要的奶瓶和奶嘴的数量,同时概括了每种奶嘴的优点和奶瓶的特点。最开始你可能想要购买各种奶瓶的试用装,然后让你的宝宝以及你的预算来决定买哪种类型。

奶瓶（配上 8 ~ 10 个奶瓶盖和螺纹圈口）

特点	描述
材质	**玻璃奶瓶**耐用，易于清洗，而且不含有害的化学成分，但是比塑料奶瓶重，而且掉落或被扔出后容易摔碎
	塑料奶瓶分量轻而且不会被摔碎，但是可能不像玻璃奶瓶那样能够长久使用。如果你选择使用塑料奶瓶，不要购买由聚碳酸酯或双酚 A（它们的循环再造标志为 3 或 7）制成的硬塑料材质。它们会释放出化学物质，导致宝宝出现精神上的问题。如果你一定要使用这种，不要用水煮、放入微波炉或在洗碗机中清洗。由聚乙烯或聚丙烯（它们的循环再造标志为 1、2 或 5）制成的不透明奶瓶是最佳选择
形状	**竖直的奶瓶**比较便宜而且易于清理
	有弧度的奶瓶有一个 45°的弯曲度，这样可以保持奶嘴中充满液体，从而减少宝宝吸入空气的量，而且也容易让宝宝直立，避免液体流入宝宝的中耳（这是造成中耳炎的一个原因）

使用	**可循环使用的奶瓶**更加经济和环保，因为可以一直持续使用到宝宝结束奶瓶喂养的阶段，而且不会造成浪费。还可以准确地测量奶瓶的容量 **一次性奶瓶**基本不需要清洁，因为里面的配方奶是通过一根预先消毒过的塑料管食用的，瓶子会在喝完后扔掉。这种瓶子的类型可能最不容易让宝宝吞入空气（因此也可以避免胀气），因为食用前你可以用吸管把空气挤出去；而且，吸管在宝宝食用的过程中可以折叠进去，这样就可以避免额外的空气气泡进入
大小	110 毫升的奶瓶适合新生儿使用，他们每次的饮用量只有很少的一点。这种奶瓶也可以顺便用来储存挤出的母乳 220~255 毫升的奶瓶适合胃口变大的大宝宝使用。这样的奶瓶也可以给任何年龄段的宝宝使用，正因如此，它也成为了通用的而且可以长期使用的选择
其他特点	**防胀气奶瓶**最适合不喜欢一次性用品而且容易胀气的宝宝。这种奶瓶让空气从瓶底进入，可以防止空气混入奶液被吞咽进去。由于两端都可以拧下来，也便于清洗 **有分装层的奶瓶**最适合食用配方奶的宝宝出行时使用。因为设计成分隔的两层，可以分别放入预先量好的配方奶和水。需要喂奶的时候，你拧开顶部就可以把配方奶和水混合起来 **免手持的奶瓶**在过去经常使用，主要是由年轻的多胎妈妈使用，但是现在不鼓励使用了，因为这种奶瓶需要的奶瓶架会导致婴儿窒息，而且会阻碍只有在母乳喂养过程中才能建立的重要亲密关系

奶嘴

特点	描述
材质	**乳胶奶嘴**比硅胶奶嘴更柔软，更有弹性 **硅胶奶嘴**比乳胶奶嘴更坚固，而且可以长时间保持原型；硅胶奶嘴的渗透性比乳胶奶嘴差，也因此比较不易滋生细菌；使用时间比乳胶奶嘴长 3~4 倍；而且耐高温，也适用于洗碗机

(续表)

形状	**钟形奶嘴**最便宜而且随处可见
	平顶奶嘴比较接近于母亲的乳头
	矫正奶嘴是细长的，一侧是平的，而且中间向内凹，有利于促进舌头模仿吃母乳的动作。可能有助于减少舌头的推动以及一般奶嘴会引起的啃咬问题
流速	奶嘴上面小孔的数量和大小的不同可以产生不同的流速。下面是选择正确流速的一个简要的介绍： 母乳喂养的宝宝，不论月龄多大，都使用新生儿流量的奶嘴就可以了 下面的指导方针是为完全奶瓶喂养的宝宝介绍的： 对于新生儿：如果你把奶瓶头朝下放置，奶液稳定地滴落，这样的奶嘴大小就是正确的； 对于较大的婴儿：如果你的宝宝吮吸的力气大，易烦躁，你可能就需要流速较快的奶嘴； 如果宝宝吃奶时上气不接下气，奶水也溅得到处都是，你或许就需要一个流速较慢的奶嘴

其他基本用具

- 奶瓶刷。
- 奶嘴刷。
- 标有毫升的测量容器，最好配有盖子。
- 漏斗。
- 长柄大汤匙。

用具的清理和消毒

- 在使用后立即把配方奶从每个奶瓶中都彻底冲掉。
- 在有清洗剂的热水中分别清洗每个奶瓶、固定环以及奶嘴，要使用奶嘴刷和奶瓶刷。小心地把清水从奶嘴挤出几次以清洗掉所有的残渣。你也可以用洗碗机清洗所有的部件。
- 在干净的热水中冲洗干净每个部件，并且自然晾干。

冲调配方奶粉的步骤

第 1 步：用热的皂液彻底清洁双手。如果你要打开浓缩配方奶罐，先清洗罐子的顶部。

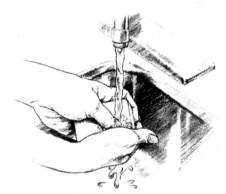

第 2 步：根据罐子或瓶子上的指示冲调配方奶。再次强调，冲调的配方奶量要与建议的奶量完全一致，以避免宝宝因此而生病。把配方奶倒入干净的奶瓶中，使用漏斗会更容易操作。

第3步：把奶嘴、奶瓶盖和连接环都安装到奶瓶上，液态奶可以直接喂食或放入冰箱储存（关于如何安全地保存配方奶，详见上一小节）。

如何用奶瓶喂养

喂食的量是多少？

- 在第1周，最初每次喂食宝宝30~45毫升。在第2~3周，逐渐增加为每次57~90毫升。当他每天都有两三次全部都喝完时，可以每次增加15毫升的配方奶。在第1周之后，他大概每天会喝完340~680毫升。之后，他每次都需要喝230毫升。你在第1年中可以按照这个大概的说明进行，但是要让宝宝来决定他每次需要的量。

- 如果宝宝某次喝得不多也不要担心。就像你的食欲会发生变化一样，他也一样。如果他开心而且精力旺盛，有一阵子喝得不多也是可以的。

- 有时候宝宝会在哺乳时停止吮吸。要有耐心，他可能只是休息一下。当他准备好会重新开始。如果他明确表示不想再喝就不要硬塞奶瓶，也不要要求他必须喝完整瓶。

按需喂奶

- 宝宝饿了的时候再喂，不要强迫他（关于饥饿表现，详见本章"母乳喂养的基本知识·按需喂养"）。奶瓶喂养的宝宝一般3~4小时喂一次。他们通常在夜晚吃得很少。
- 在夜间不要叫醒宝宝喝奶，他会自己醒来的。

月龄	每天喂奶量
出生~1个月	530~710毫升
1~2个月	650~770毫升
2~3个月	710~770毫升
3~4个月	710~830毫升
4~5个月	710~890毫升
5~6个月	710~950毫升
6~12个月	710~950毫升

用奶瓶给宝宝喂奶

小贴士

- 大多数宝宝喜欢热一点的配方奶或母乳，当然也有些宝宝会喜欢凉一点的。如果你用自来水冲调喂奶，要确保水中的铅含量（不能高于十亿分之十五）没有过量。如果你用的水中含铅，使用冷水比热水要好。可以把奶瓶放置在热水碗中用来温热凉的奶瓶。不要在微波炉中加热奶瓶。使用微波炉会产生高热部位，可能会烫伤宝宝的嘴巴，而且也可能使奶瓶破碎。通过在手腕内侧滴一滴奶液可以测试温度，以避免温度过高烫伤宝宝。

- 检查奶液通过奶嘴的流速。奶液应该是平稳地滴落——最初应该是1秒滴落1滴的速度。如果滴落的速度过慢，宝宝可能会因为吮吸太累而吃不饱，而且也可能吞入大量的空气。如果奶液滴落的速度过快，宝宝有可能还没怎么吮吸奶就喝完了。另外，宝宝可能会试着用舌头顶住奶嘴以减慢流速，这样就会影响宝宝牙齿的发育。把流速过快的奶嘴收起来吧。

- 避免使用奶瓶支架,或是在宝宝没有学会如何正确使用奶瓶之前让他手扶奶瓶自己吃奶。如果把奶瓶单独留下,宝宝可能会被瓶中的液体窒息。使用奶瓶支架会阻碍只有哺乳时才会有的亲密时刻。
- 要注意而且谨记,每个宝宝都需要哺乳时的那种怀抱和爱意。
- 不要把宝宝放在床上吃奶瓶。宝宝在平躺状态下吃奶瓶,会有很大的概率患上中耳炎。另外,睡着后还有奶液在嘴巴里,会导致严重的蛀牙,即使他还没有长牙。

详细步骤

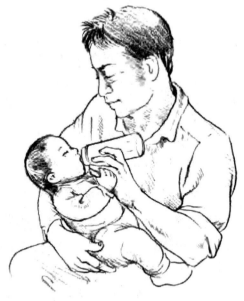

第 1 步:让宝宝坐在膝盖上,把他环抱在臂弯里。轻轻地用奶嘴触碰他的内侧脸颊,来刺激他的觅食反射(详见第 42 页)。他会转过头来嘴巴张开,寻找奶嘴。

第 2 步:支撑住宝宝的头部,微微抬高他的上半身。这种姿势会比平躺更容易让他吞咽奶液。

第 3 步:在喂食宝宝时,要配合宝宝吃奶的速度不断调整角度,缓缓地抬起奶瓶的底部,以随时保持奶瓶瓶颈处充满液体。这样他吞咽进去的大多都是液体,几乎没有空气。当宝宝吃完后,帮他拍嗝(详见本章"拍嗝和吐奶"介绍的方法)。

停止使用奶瓶

什么时候停止使用奶瓶

对于什么时间应该让宝宝停止使用奶瓶,并没有明确的规定;然而,当宝宝足够大到会用杯子喝水时(最早为5~6个月大),就可以很容易地停止使用了。很多奶瓶喂养的宝宝可以在1周岁时完全脱离奶瓶开始使用杯子。早一点使用杯子更可以防止奶瓶成为宝宝寻找安全感的物品。而且,使用杯子可以更好地促进手和嘴的协调能力。

宝宝已经准备好断开奶瓶的标志:吮吸奶瓶的时候四处张望,啃咬奶嘴而不是吮吸,在没喝完的时候就把奶瓶放下。

如何停止使用奶瓶

如何停止比什么时候停止重要得多。什么时候只是一个时间，而付诸行动是要逐渐地、温柔地，还要充满爱意和耐心。

- 偶尔让宝宝使用杯子饮用配方奶或是水。一个有份量的、两个把手的、有限流孔的杯子最适合初次使用的宝宝。
- 如果你的宝宝喜欢奶瓶而拒绝使用杯子喝水，也还要不断地递给他杯子。当他终于开始尝一两口的时候，不要强迫他喝下去更多，当他准备好的时候自然会喝的。
- 一旦你的宝宝开始到处走动，那么，只有让他坐在你膝盖上的时候才可以给他奶瓶。
- 每隔一段时间取消一次奶瓶喂养。午睡前的喂养通常是最先取消的。因为很多宝宝在晚上睡觉前或早上起床后会花费大量的时间吃奶。除了食物之外（如果他已经开始吃辅食）可以让你的宝宝用杯子饮用配方奶或水。
- 如果你的宝宝停止使用奶瓶进行得很顺利，但是突然开始长牙或感冒，他可能会想要使用奶瓶。当他不舒服的时候不要拒绝他的这种安抚需求。当他开始好转的时候，你可以重新开始停用奶瓶。

拍嗝和吐奶

小贴士

- 奶瓶喂养的宝宝在吞咽时很容易吸入空气,这会让他们觉得不舒服,直到打出嗝(如果吃奶的时候嘴巴没有紧紧地含住乳头或者平躺着吃奶时,吃母乳的宝宝也可能会在吞咽时吸入空气)。
- 除非宝宝表现得非常烦躁,否则在喂奶中和喂完之后拍嗝两次就足够了。在宝宝吃完 56~85 毫升的时候就为他拍嗝(或至少每隔 3~5 分钟)有助于减少吞咽时吸入的空气量。
- 不要打断宝宝吃奶来为他拍嗝。最好是在他吮吸暂停的时候再拍嗝。如果是母乳喂养,在换另一侧乳房前为他拍嗝。
- 如果拍嗝几分钟之后宝宝还没有打嗝,继续给他喂奶,过一会儿他烦躁的时候再进行尝试。
- 为宝宝拍嗝前,在你的肩膀或膝盖上垫一块布质尿布或毛巾来阻隔呕吐物。
- 拍嗝时吐出一些配方奶或母乳是正常的。当胃部肌肉轻微地排出一些配方奶或母乳时就会这样（呕吐，比较而言，是当胃部肌肉用力收缩而排出大量的配方奶或母乳）。哺乳时吞咽进大量的空气或吃了太多通常会引起呕吐，尤其是奶瓶喂养的宝宝更容易发生。虽然如此，有时也是由于控制胃部和食管之间的肌肉过于松弛所致[或反流——更多信息详见第六章"胃食管反流（GER）以及胃食管反流症（GERD）"]。随着宝宝的长大，吐奶的情况就会越来越少。

- 宝宝吃奶后不要让他跳跃或大笑。这样可能会让他吐奶。
- 为了防止吐奶，在喂奶后可以让宝宝保持竖直姿势半个小时。同时，把床头位置垫高，或者把折叠的毛毯或浴巾放在床垫下面头的位置。这么做可以让他的头部始终高于脚的位置。不要用枕头来垫高他的头部，这样可能会让他窒息。
- 如果你的宝宝吐出大量的配方奶或母乳，喂奶时要把他抱得更加竖直一些，这样就不会让被吞进胃部的空气聚集在配方奶或母乳的下面。

拍嗝的方法

方法1：竖着抱起宝宝，把他的头放在你的肩膀上。温柔地摩擦或轻拍他的背部，直到他打嗝。

方法2：让宝宝坐在你的腿上，上身竖直并稍稍前倾。支撑住他的头和身体。温柔地摩擦或轻拍他的背部，直到他打嗝。

方法 3：让宝宝脸朝下趴在你的腿上或床垫上。用手或胳膊支撑住宝宝并把他的头转向一侧。温柔地摩擦或轻拍他的背部，直到他打嗝。

添加辅食

当宝宝 4~6 个月大时，他可能已经准备好开始尝试固体食物了。与宝宝全部食用母乳或配方奶时不同，现在你要考虑他的饮食是否营养均衡。不过一旦哪天发现宝宝开始自己选择什么可以吃什么不能吃，你会发现自己完全无法控制他的饮食——你觉得他需要吃一些豌豆泥，但是他却想要吃些别的。你的宝宝也许今天很随和不挑食，明天就变成抓到什么就捏碎什么的捣蛋鬼，后天又会给什么吃的都乱扔乱摔，也许大后天又变个新花样。这些变化没有任何前兆和铺垫，完全取决于宝宝当时的情绪，可是天知道吃饭的时候宝宝的心情会怎样！

什么时候开始合适

出于对宝宝健康的考虑，美国儿科学会建议至少在宝宝 4~6 个月之后再添加固体食物。那时，他的身体或许已经可以接受固体食物带来的额外的热量和营养。当宝宝准备开始尝试固体食物时，他平常食用的母乳或配方奶或许就不能满足他的需要了。另外，要确定他不断地要求添加食物是不是由于身体处于快速的生长期（快速生长期一般会在第2~3周、第6周、第3个月以及第6个月，每次会有2~3天宝宝的食量会大增）。当你的宝宝已经准备好接受固体食物时，他可能还会给你如下的暗示。

- 稍微支撑宝宝，他就可以坐立得很好。
- 他能够很好地支撑和控制头部。
- 他开始尝试从你的盘子里拿食物，或是抢夺你的筷子。
- 他在喝水或吃东西的时候，会把头转向其他地方。
- 他已经失去了挺舌反射（详见第一章"1岁之内婴儿的条件反射"）。
- 当他看到勺子拿过来的时候会把嘴巴张开。
- 他已经长出新的牙齿，可以咀嚼食物了。

为什么要等到6个月再加辅食

在他们未满4~6个月以前，大多数宝宝的消化系统还没有发育完全，不能有效、安全地消化辅食，也无法很好地控制自己的舌头和嘴部肌肉，安全地吞咽辅食。

此外，如果你的宝宝是母乳喂养，母乳就可以提供他所需的所有营养成分，直到他可以接受辅食。太早喂食固体食物，只会让他摄入过多低营养成分的食物。

下面是给宝宝推迟辅食的其他原因：

- 推迟食用辅食可能会有助于避免食物过敏以及出现如湿疹和哮喘等过敏症状。如果宝宝的消化道还未发育成熟，辅食中大量蛋白质有可能无法被充分地消化吸收，直接到达小肠壁的内侧改由肠道吸收。如果发生这种情况，他的免疫系统就会误以为有外来物质入侵而启动并产生抗体，结果导致过敏反应。

- 过早添加辅食可能会导致宝宝今后的肥胖。美国儿科学会的研究发现，食用配方奶的宝宝中，在第 4 个月之前就开始食用辅食的宝宝患有肥胖的风险更高。
- 与普遍的观点不同的是，从来没有任何证据表明在宝宝睡前奶中添加米粉会有助于整夜的睡眠。事实上，这样做可能危害要多于益处。

如何添加辅食

当你的宝宝已经准备好开始尝试辅食时，要谨记如下的建议。

- 开始添加固体食物的同时，宝宝依然要从母乳或配方奶中获取他所需的绝大部分营养成分。添加固体食物可以在一天内的任何时间进行，你可以选择在他食用母乳或奶瓶之前或之后进行。固体食物只是补充，不能取代母乳或配方奶。
- 添加固体食物要用小勺子而不是奶瓶，除非是由于胃食管反流症而特别要求使用奶瓶。
- 在宝宝积极而平静的状态下给其喂辅食。
- 不要强迫你的宝宝吃辅食。即使只有 6 个月大，他也有自己喜欢和不喜欢的东西。即使如此，说到这个话题，要让宝宝接受一种新的食物可能要尝试 10~15 次（甚至可能更多）。不要因为宝宝第 1 次、第 5 次或第 12 次吐出这种食物就放弃尝试！
- 开始的时候，每次只添加一种食物。在添加一种食物后至少观察 2~4 天，以确定没有引起任何过敏反应。如果你的家庭有过敏史，就在每添加这一食物之后等待 1 周。不要添加杂烩、汤类或综合谷物食品；添加这些食物后如果引起宝宝的过敏反应，你不会知道是哪种食物引起了过敏。

食物不耐受以及过敏反应

如果在尝试新的食物后，宝宝开始出现哮喘或皮疹，臀部生疮或腹泻，他可能是食物不耐受或出现了过敏反应。大多数的食物过敏反应都比较轻微而且不需要太过关注，但是如果你的宝宝反应强烈，又或者如果你不确定他的反应是轻微还是强烈，应立即与宝宝的主治医生或专业医生联系。如果你的宝宝在食用某种事物后有轻微的反应，几个月之内都不要再给他尝试这种食物，再喂的时候要先给一点点试试看（更多关于食物不耐受的介绍，详见第六章）。

常见的致敏食物

下列是最常见的宝宝过敏食物。

- 牛奶。
- 黄豆。
- 蛋白。
- 小麦。
- 鱼（例如金枪鱼、三文鱼和鳕鱼）。
- 带壳的海鲜（例如虾、螃蟹和龙虾）。
- 坚果，尤其是木本坚果和花生（以及花生酱）。

如果你的家族对这些食物有过敏史，向宝宝的主治医生咨询后再给宝宝尝试。

其他需要尽量避免的食物

至少在宝宝 1 岁前要避免给他尝试的食物如下。

- 蜂蜜——这种食物会引起婴儿肉毒杆菌中毒，是一种可能会致命的疾病。
- 爆米花或其他可能会哽塞的食物。这些食物最好推迟到三四岁再食用，因为它们很容易引起哽塞。
- 含有大量糖分的食物，例如苏打水、柠檬水或婴儿甜点。
- 果汁——给宝宝喝水比喝果汁要健康得多，果汁中的有益营养成分远不如水果，而且还含有过多的糖分。

食物添加进度

- 刚开始，每天给宝宝添加一次固体食物。有些父母发现上午中间或下午中间比起家庭用餐时间更适合，因为不容易受干扰。注意：如果你的宝宝吃母乳但是也吃辅食，或许他吃母乳的次数就不会那么频繁或者持续那么久，因此会减少你的母乳分泌量。
- 几周之后，可以每天为他添加 2 次辅食。
- 大约 1 个月之后，开始逐渐尝试在两次哺乳或奶瓶喂养之间添加一次辅食。在两顿奶之间，宝宝会对辅食有食欲但是又不会因为太饿而狼吞虎咽。在你提供某种食物时，要观察他表现出的食欲和满足感。
- 根据宝宝的情况来决定你为他添加食物的速度和频率。他知道什么时候自己吃饱了，就像他知道自己什么时候喝饱母乳或配方奶一样。如果你耐心地让他自己控制吃东西的节奏，他将逐渐地放开奶瓶或母乳而转向辅食。而且，不要期待你的宝宝吃完一份食物。如果你对他有"吃干净盘子"的奖励，他可能就会因为想要得到你的肯定而把食物都吃光，并不是因为他觉得饿。

月龄	每天添加食物的量
6~7 个月	母乳或高铁配方奶
	高铁米粉与母乳或配方奶的混合物（最多 8 汤匙）
	果泥、肉类或烹调过的蔬菜（最多 8 汤匙）
8~9 个月	母乳或高铁配方奶
	高铁米粉与母乳或配方奶的混合物（8 汤匙）
	果泥或碾得很细腻的水果以及烹调过的蔬菜，做成一口大小（6~8 大汤匙）
	蒸熟的肉类和压碎的蛋黄（4 汤匙——如果家庭成员有任何过敏史的话，1 岁之前不要吃蛋白）
10 个月~1 岁	母乳或高铁配方奶
	高铁米粉与母乳或配方奶的混合物（6~8 汤匙）
	捣烂的或一口大小的水果以及烹调过的蔬菜（6~8 汤匙）
	磨烂的或剁碎的肉以及其他蛋白类食物，例如蛋黄（28~56 克）
	土豆以及全麦的或含有丰富谷物的食品

注意：这只是一个添加食物的计划表的例子。很多父母会选择其他食物开始尝试，或是按照不同的顺序添加。

添加多少食物？

- 最初，给宝宝添加 1~2 汤匙（5~10 毫升）食物。将食物用母乳或配方奶稀释后喂食。
- 随着食欲的增长，宝宝吃东西的本领会变得更加熟练，逐渐地把食物的量增加到 4~6 汤匙（60~90 毫升）。（一般的成品罐装辅食都是 8 汤匙——118 毫升）。可以将前面的表格当作第 1 年为宝宝添加辅食的参考。
- 再次声明，不要强迫宝宝吃，也不要在他明确表示自己吃饱之后还要让他吃完"最后一口"。
- 宝宝的动作会让你知道他什么时候吃饱了。他会把头转离勺子，或是紧紧地闭嘴并拒绝再吃任何东西。大哭、发呕或吐出食物都可能是宝宝在告诉你：他不想再吃了，但是这些反应也可能说明他还没有学会食用辅食——或是意味着你要改进拿勺子喂食物的方式。

如何用勺子喂宝宝

从出生开始，宝宝就本能地通过吮吸来进食，所以，他可能需要一段时间才能学会如何用勺子吃东西。尝试用勺子喂食，首先要确定宝宝保持坐立，然后在婴儿勺或小的咖啡勺前端放置很少量的食物。把勺子放在宝宝的嘴唇中间，让他自己把食物吸走。耐心等待，宝宝很快就能学会如何从勺子里吃东西了。

脏乱

宝宝是通过触摸、品尝以及闻味道来了解食物的。这就意味着，宝宝一定会吃得乱糟糟的。你越是不愿意接受这个事实，你和宝宝在用餐时的气氛就会变得越紧张。与之相反，不论有多么脏乱，都要放松下来，试着让用餐时间充满欢乐。如果你想方便清洁，可以把报纸铺在宝宝的用餐区域。让宝宝戴上围裙或是穿上你不介意弄脏的衣服，再戴上围嘴。

给宝宝吃什么食物？

初次添加的辅食应该是一点高铁的米粉加入母乳或配方奶混合食用。随着宝宝的长大，他可以吃的东西会更加丰富。谨记：如果你有家族遗传过敏史，一定要详细了解哪些食物需要推迟给宝宝添加（详见本节前文）。

关于果汁的一些建议

与普遍的认识相反，果汁并不适合婴儿。实际上，饮用大量的果汁会导致龋齿、腹泻、尿布疹和婴儿肥胖。如果你要给宝宝饮用果汁，确保他已经足够大到可以用杯子喝，而且每天最多不超过112毫升（你可以在果汁中加水，但是给宝宝喝的果汁量仍然不能超过112毫升）。果汁只能作为甜点的一部分，不能作为正餐。

维生素的补充

确保宝宝的饮食均衡就可以保证他摄取所需的维生素。一旦你的宝宝开始食用各种辅食，你可能就不需要再为他补充任何维生素了，当然，主治医生的安排另当别论。尤其要注意铁和维生素D的补充。当你的宝宝6个月时，还要给他补充氟化物（详见第六章"宝宝的健康体验和疫苗接种·牙齿的护理"）。

市场上销售的即食婴儿食品

市场上销售的即食婴儿食品很方便，经过消毒并且含有维生素和微量元素。有些生产厂商以有机食物为原料制造婴儿辅食。虽然大多数的生产厂商都去掉了不需要的添加剂，但是我们购买时仍然要查看标签以确定没有添加食盐、糖或防腐剂以及其他填充剂（面粉或高分子淀粉）。

下面归纳市场上销售的几种即食婴儿食品。

- 一段食品——4~6个月：泥状的、过滤过的单一原料食品，一罐的量在70克左右。
- 二段食品——6~8个月：泥状的混合食物，一罐的量在112克左右。
- 三段食品——8~10个月：混合食物，一般包括牛奶、小麦，还可能含有调味料，一罐的量在170克左右。

饮食安全

采取一切可能的预防措施来保证宝宝食物的安全。他的免疫系统需要好几年才能发育完全，所以他属于对细菌滋生很敏感的易感人群。下面是在给宝宝添加食物时的几点注意事项。

- 确保你的双手以及所有用来准备和给宝宝喂食的餐具都是干净的。不要直接用婴儿食品的罐子给宝宝喂食。相反，要在碗里盛出你认为他需要的量，然后从碗里给他喂食。因为他口中的细菌会随着汤匙传播到罐子里，然后在剩余的食物中成倍繁殖。
- 该加热的食物加热，该冷藏的食物冷藏。其实婴儿饮食安全基本跟大人一致。不要把食物放置在常温下超过1小时。开罐的食品要立即放入冰箱保存（与配方奶和母乳一样）。

- 当你的宝宝开始食用常规食物，或者你做的婴儿食品时，要确定你把食物做熟——尤其是肉类——要完全熟透。

加热婴儿食品

其实你无需加热婴儿食品。实际上，他可能更喜欢室温温度的食物。如果你要加热食物，在炉子上把罐装的食物放进有热水的锅里加热，或是把微波炉设置为低温加热。要非常小心不要过度加热，在喂给宝宝前一定要自己先测试食物的温度。使用市面上出售的婴儿食品加热器也是可以的。

手指食物

宝宝满8~12个月时，他可能会想开始自己吃东西了。在这段时间，他长出了一些牙齿，而且也能更好地控制手了。要确定你给他的任何手指食物（能被宝宝独自吃下去的食物）都是柔软的、易于吞咽的（或是能在口中迅速融化的），而且都切割成一口的大小。下面列举出一些可以被切成小块，而且很适合宝宝的胃部消化的有营养的手指食物。

- 手撕鸡肉片。
- 煮熟的蛋黄。
- 汉堡片。
- 切碎的牛肉、小牛肉和羊肉。
- 香蕉。
- 煮过的苹果、梨、桃子切片。
- 成熟的牛油果。
- 压碎的土豆。
- 米饭。

- 煮得非常软烂的通心粉。
- 青豆。
- 豆腐。
- 无糖干麦片。

在家自制辅食

很多父母都认为家庭自制的辅食比市面上购买的更好。如果你要制作婴儿食品，可以：

- 更好地控制婴儿食品中添加进去的东西有多少。
- 省钱。
- 保护环境——没有需要扔掉的包装。
- 使用有机农产品以及天然的肉类和家禽。
- 比起市面上能买到的婴儿食品，种类可以多样化。
- 制作符合家庭饮食习惯的食物。

你可以快速地把家里现成的食材变成宝宝喜欢吃的东西。你所需要的就是把食物磨碎的工具，例如：

- **手动研磨器**：婴儿的、小型的或大型的食物研磨器，叉子，土豆泥加工器，菜泥果泥过滤网，食物切碎器。
- **电动研磨器**：搅拌机，电动食物研磨机，电动食物切碎机，多功能电动搅拌机。

你还需要储存辅食的器皿。下面是一些物美价廉的参考选项：

- **制冰格**：是把婴儿食物分成小份单独冰冻的最佳选择。
- **小号冷冻密封袋**：可以很好地储存冻成小块的婴儿食品和零食。
- **小号食物储藏容器**（深度小于7.62厘米）：可以在冰箱里储存婴儿食物并置于微波炉中加热。
- **烤盘**：把辅食分成1~2匙的小份分开放在烤盘上冰冻。冰冻后，可放入冷冻密室袋保存。

如何让食物更卫生、更有营养

- 购买新鲜的食材，随做随买。
- 家里的食材最好在室温下放到成熟再加工。
- 如果买回来不马上吃，就不要清洗它们。
- 将农产品彻底清洗干净，最好使用农产品洗涤剂来清除农药残留。
- 在烹调前将食物切成小块烹调可以缩短烹饪时间。
- 在微波炉中蒸煮食物时只需要一大汤匙水就可以了。
- 烹调婴儿食品时不要添加糖、食盐或其他调味品。
- 将食物分成小份烹调以避免制作过多的食物。一旦熟透，在短暂的冷却后全部放入冰箱冷藏或冷冻保存。
- 使用食物温度计来测试烹调肉类时的温度，以确保完全煮熟。
- 准备食物前在热的皂液水中清洗双手。
- 使用塑料的或无孔的案板。每切过一种食材后都要在热的皂液水中清洗案板。
- 用来盛放和切割生肉、家禽和鱼类的餐具和案板要与水果或蔬菜所使用的案板区别开。
- 准备完每一种食物后,都在热的皂液水中清洗刀具、餐具和案板。
- 绝对不可以把煮熟的食物放在盛过生肉、家禽或海鲜的盘子里。不要室温保存这些肉类。
- 确保储存婴儿食品的器皿是干净的。
- 使用厨房用纸清洁厨房表面。如果你一定要使用抹布,要经常在热水中洗涤抹布。如果使用海绵,要在洗碗机中清洗并经常更换海绵。

家庭自制婴儿食品的储存指南

食品	冰箱冷藏(4°C)	冰冻(-18°C)
煮熟的水果或蔬菜	2天	1个月
煮熟的肉、家禽、鱼	24小时	1个月
解冻后的冰冻水果和蔬菜	2天	不可再次冰冻
解冻后的煮熟的肉、家禽、鱼	24小时	不可再次冰冻

准备辅食的详细步骤

第1步:煮熟你计划给宝宝食用的肉类、水果或蔬菜。你可以使用罐装水果或蔬菜,但还是新鲜的或是冷藏的更有营养。

第 2 步：做熟的食物可以加工成泥、磨碎、捣碎或切碎。首先，确保食物的口感很细腻（刚开始吃辅食的宝宝可能会由于块状的或是粗糙的食物引起哽塞）。等宝宝吃饭吃得自如之后，就可尝试一些颗粒明显的、有小块食物的饭菜了。

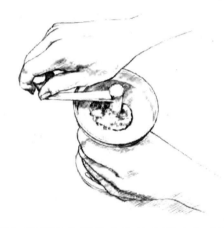

第 3 步：用勺子把准备好的食物放入制冰盒或烤盘上，然后冷冻（不要再次冰冻已经解冻的食物）。冷冻后，在冷冻密封袋中保存这些冰块或小份的食物。食用时拿出需要的量用灶炉或微波炉加热即可。

小儿肥胖

在美国，有 1/3 的 2 岁以上的儿童都超重。遗传敏感型、社会经济等级以及地理位置等问题都会影响个人体重超标的概率，而且研究者们还在不断地研究各种细节——父母在孩子出生后的第 1 年中要做些什么可以预防肥胖。可以参考以下建议，帮助孩子走上健康之路。

- 怀孕期间不要吸烟。最近的研究表明，孕期吸烟可能加大宝宝以后小儿肥胖的风险。
- 怀孕期间在正常范围内增长体重。体重增长过多的女性可能会生产出体重过大的婴儿，这样也会增加宝宝以后出现肥胖症的风险。
- 尽可能进行母乳喂养。母乳喂养的婴儿至少在青少年期患有肥胖的概率会减少 20%~30%。
- 在宝宝第 4~6 个月之后再开始添加辅食。
- 在小宝宝初次表现出吃饱的信号时就停止喂食。你只是提供健康的、安全的、有营养的食物的配角；小宝宝才是来选择什么时间吃、吃多久的主角。
- 在宝宝长大一些后，制定规律的就餐时间，在愉快的气氛下添加辅食（电视和电脑要处于关闭状态）。
- 不要经常给宝宝提供高糖、高盐以及高热量、没什么营养的食物和饮品，例如：薯片、曲奇饼干、碳酸饮料和果汁饮料。隔一段时间喝一点是可以的。
- 不要让你的小宝宝节食。在 2 岁前，脂肪对宝宝大脑的发育是非常重要的。
- 给宝宝做定期的身体检查。主治医生会监测宝宝的身高、体重和头围的生长，并把家庭遗传的因素考虑在内。你可以为宝宝未来几年内的好身体奠定适合的、良好的营养基础。

FIRST
YEAR BABY
CARE

第四章 | 宝宝的安全

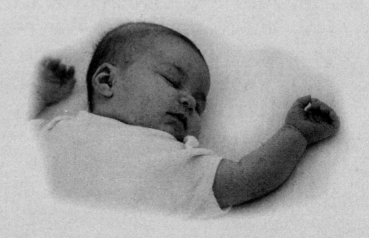

如今良好的医疗技术已经很大程度地破解或控制了很多导致婴儿死亡的疾病。事实上，4岁以下的孩子在交通事故或意外伤害中死亡的比例比任何疾病都要多得多。作为父母，你的工作就是要在宝宝的活动范围内创建一个安全的环境。提前了解孩子发展的每个阶段，这样你就可以在他进入下一个发展阶段之前，在家里做好儿童安全防护措施，尤其要确定宝宝随车出行时也有适合的安全防护，要为他正确地安装经检验合格的汽车安全座椅。

　　宝宝有着旺盛的好奇心且好动，但是他们的平衡能力和对危险情况的认知要等到大一点的时候才能发育成熟。一旦你的宝宝开始扭动、翻身、抓抢东西、缓慢地挪动，并最终可以爬行和走路，就需要你时刻注意以保证他探索环境和游戏时的安全性。

　　本章提供了在家里安装儿童防护措施的方法，以及购买儿童安全设施的信息。每隔6个月都要更新一次家里的安全防护措施，集中排除宝宝会接触到的危险情况。同时，也要考虑季节因素——冬季是火灾多发的季节，春天和夏天要注意孩子玩水和骑自行车时的危险。

下面是对宝宝一年之内典型的发育特征的概括。（详细信息参见第五章）

月龄	宝宝的能力
0~2个月	宝宝会开始扭动身体，可能会开始翻身（虽然这并不常见）
3~5个月	你的宝宝可能会开始摇摆并翻滚、抓抢东西、坐起来，然后把东西放入口中
6~9个月	你的宝宝可能会开始慢慢挪动、爬行，努力把自己支撑起来，并且把其他所有的东西都拽下去
10~12个月	你的宝宝可能开始站立、攀爬甚至行走

在家里安装儿童安全防护设施

一般安全指南

下面列出的是一般家庭安装儿童安全防护的技巧。你可以按照这些技巧为家里具体的房间和区域安装儿童防护设施。

- 为不使用的插座安装安全盖。使用可以覆盖整个电源插座的安全罩;确保电源插座不过量负荷;确定电线没有磨损或损坏。

- 空的灯口全部装上灯泡。

- 不要让宝宝靠近运行中的电器设备,使用完毕后及时关闭电源。而且,把所有小家电、设备和电灯的电线都放在他的可触范围之外,这样他就不会把这些东西拽到自己身上。

- 任何能放进卫生纸卷筒内的东西都要放在宝宝的可触范围之外(大头针、扣子、螺丝、小珠子、硬币、弹珠、小玩具以及其他小而尖锐的东西)。他可能在1分钟之内就把这些东西塞进嘴里然后窒息而亡。这个警告同样适用于任何小而坚硬的食物,像是坚果或是爆米花。

- 经常检查地板上是否有小东西,尤其是你还有稍大一点的孩子在玩耍小玩具，或是你有需要使用很小的材料的爱好。

- 保持剪刀、刀具、剃须刀片等工具以及所有容易破碎或折断的东西，都放置在宝宝的可触范围之外。
- 手提包、公文包以及其他的包都要放在宝宝的可触范围之外。这些包里面通常会装有硬币、尖锐物品、药品以及其他危险品。
- 保持所有的塑料袋和保鲜膜一类的东西都在宝宝的可触范围之外。干洗清洁袋是非常危险的——在扔掉之前要先把它打个结。不要在婴儿床的床垫上铺垫薄塑料布。
- 不要把气球单独留给宝宝。及时清理掉气球破裂后的所有碎片，这样宝宝就不会因此而发生哽塞。
- 设备线、电话线、百叶窗的拉绳以及其他线绳或是窗帘绳都可能勒住宝宝造成窒息。要把这些东西放置在宝宝的可触范围之外。玩具上的线绳都应该短于18厘米，即便是这样，当宝宝玩耍有绳子的玩具时还是要保持警惕。
- 千万不要把项链、奶嘴挂绳或任何线绳绕在他的脖子上。
- 不要把使用过的烟灰缸、装有酒精或热水的容器、点燃的蜡烛、火柴或打火机放置在宝宝的可触范围之内——最后两种是导致致命火灾最常见的东西。
- 照顾孩子的同时不要抽烟。香烟会烫伤宝宝，而且烟雾也会刺激他的肺部，从而使他对疾病变得更加敏感。绝对不要在床上吸烟。
- 在地下室和靠近卧室的走廊安装烟雾和一氧化碳探测器。确定家里每一层都至少有一个烟雾探测器。如果不是永久使用的探测器，每个月测试一次并每年更换电池。定期为它们吸尘或除尘。
- 安排火灾逃生计划并每个月进行演习。确保门窗都可以轻易地打开。

- 在壁炉、取暖器、蒸汽散热器、热风机、地板炉和立管泵前面安装围栏。保持火炉、壁炉和烟囱的清洁，并逐年检查。避免使用电器供暖装置或煤油加热器。如果你一定要使用，要远离床上用品、衣服和窗帘，晚上拔出电源。
- 边缘锋利的家具要搬离宝宝经常爬行的房间。柔软的塑料防护条可以很好地包裹茶几和其他较矮的家具上锋利的尖角。你也可以用泡沫胶带包裹玻璃桌子的边缘。
- 如果家里是硬的木地板，不要让孩子穿着没有防滑底的袜子或婴儿袜在上面走路或奔跑。
- 一些大屏幕的电视机、书架和电脑显示器都是前端较重的，会有翻倒的可能，被撞倒后可能会给宝宝造成严重伤害或致命。要考虑为前端较重的电视机安装电视墙。
- 如果你家的墙面、窗户或门是在1977年以前粉刷的，要考虑重新粉刷一次。因为1977年前的油漆含铅量高，可能对宝宝有危害，尤其是在他吃掉油漆碎片后。你可以请油漆商店或专门的机构来协助你检测铅的含量。如果要重新粉刷，要选择环保机构推荐使用的不含铅的涂料和油漆。

抽屉安全锁

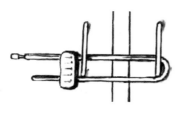
柜子安全锁

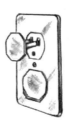
插座安全盖

电源安全罩

楼梯安全门

安全护角

在厨房或餐厅

- 将有毒物质（详见下文）锁起来或远离宝宝的可触范围。在抽屉和橱柜上安装安全锁，以避免他拿到任何危险物品。

- 确保你的宝宝不会进入任何垃圾桶或垃圾筐。

- 可能的话，你做饭的时候让其他人在房间里照顾宝宝，因为做饭时的热油和各种食物可能会溅到宝宝的座椅附近烫伤孩子，如果宝宝没在座椅上而是四处溜达的话就更危险了。如果这些方法都不可行，在宝宝的周围移动热的食物和液体时就要格外小心，而且要确保他始终都远离沸腾的食物。

- 把所有锅具的把手都转向内侧，免得宝宝把锅从炉子拽下来烫伤自己。还未煮开的食物放在前排的火口上，已经煮沸的食物放在后排的火口上。任何容易引起火灾的东西放置时都要远离炉灶和烤箱。

- 绝对不能敞开烤箱的门，而且在烤箱门还烫得无法碰触时，要确保你的宝宝远离烤箱。如果可能的话，在烤箱运行的时候，要确定宝宝一直待在厨房外面。

- 不要让你的宝宝玩耍燃气炉的开关。有必要的话，当你不使用的时候用旋转帽罩住所有的开关。

- 当宝宝坐在你的腿上时，不要饮用任何热的饮品。当你拿着热的液体时，确保你不会被宝宝或是被任何东西绊倒并让热汤洒到你的孩子身上。

- 在柜子台面或桌子的边缘附近不要放置任何东西，要远离宝宝的可触范围。

- 把不使用的家庭电器的电源拔掉。

- 锋利的刀具和电器用品，如食物加工器，应该放进有锁的抽屉或柜子里。
- 不要把小磁铁吸在冰箱外壳上，被宝宝拿到后有导致哽塞的危险。
- 火柴要放到宝宝看不到也接触不到的地方。
- 不要把瓶子放进微波炉加热，因为微波炉会加热不均匀（产生高热区域），而且温度过热的话瓶子可能会爆炸。
- 不要使用台布。宝宝很喜欢拉扯台布边缘，可能会把东西拽到他们身上。
- 在厨房里安装一个多功能的、干粉的、手提式灭火器。天知道你什么时候或者出于什么原因就会需要它。

在浴室

- 绝对不能把宝宝独自留在浴缸里——1秒钟都不可以。
- 给宝宝洗澡前一定要确定水温没有过高。把水龙头尤其是热水龙头紧紧地拧上，确定宝宝自己不能打开它们。把热水器的温度设置在48℃左右，这样也可以避免宝宝意外烫伤。
- 保证浴室的门关好，而且不要让宝宝在浴室内玩耍。浴室里有太多坚硬的东西而且地面光滑，好奇心强的宝宝可能会在马桶中溺水。可以考虑在马桶盖上安装安全锁。
- 确保使用中的烫发卷和电动剃须刀都要远离你的宝宝。不使用电吹风的时候把电源拔掉并收好，尤其是不要放在任何靠近水的地方，可能的话最好放在其他的房间里。
- 使用后立即把药品和其他有潜在危险的物品——清洁剂、化妆品、和香皂（详见下文）——存放妥当。把它们放在有锁的、宝宝够不着的柜子里。
- 购买的药品放进有儿童保护的容器内,并且放置在有锁的柜子里。
- 给宝宝用药前,一定要在光线好的房间里查看标签上适合的用量。不要把给这个孩子开的处方药用在其他的孩子身上。
- 不要保存过期药,要妥善地处理或丢弃。
- 不要为了哄孩子吃药,就把药品和营养补充剂称为"糖果"。有很多中毒事件就是由于孩子过量服用好吃的药物和营养补充剂而导致的,比如糖果口味的维生素。

护理区域

- 绝对不要把宝宝独自留在尿布更换台、床、沙发或其他高的台面上。给宝宝换尿布的时候,使用安全带或始终把一只手放在他身上。如果给宝宝换尿布的时候你一定要中途离开房间,那么带他一起走或是把他放在婴儿床里或其他安全的地方。
- 给宝宝使用阻燃面料的衣服。如果你一定要使用非阻燃面料的衣服,要确保衣服贴身,并且在宝宝皮肤和衣物纤维之间几乎没有空气(如果面料着火,空气有助燃作用)。
- 当你的宝宝可以独自坐立时,要降低婴儿床的床垫高度。在他能够站立前把床垫高度降到最低。
- 不要把大型的玩具放在婴儿床里,而且如果你使用婴儿床围(不建议使用),当你的宝宝开始拉扯它们的时候就要拆掉。玩具和床围都会成为宝宝攀爬出去的台阶。
- 把加湿器、净化器和便携式取暖器都放置在孩子无法触及的地方,并远离孩子的床和任何易燃物品。

- 联系当地的消防部门，咨询是否需要在婴儿房的窗户上粘贴"儿童位置"的图标。询问其他防火安全措施的建议。如果婴儿房不在一层，要确定你有火灾逃生方案，而且有通往一层的安全通道。购买不会燃烧的逃生梯以防倒塌。
- 给窗户安装铁栅栏以防孩子从窗台跌落。

楼梯

- 抱着宝宝上下楼梯时要防止摔倒，楼梯上不要放置任何物品。把电话分机的线绳，以及楼梯附近或上面铺着的小块毯子都拿走。上下楼梯时要紧握扶手，可能的话在楼梯上包裹地毯。不要在未包裹地毯的台阶上打蜡。
- 当你的宝宝能够爬来爬去后，要在楼梯的顶端和底端安装安全门。宝宝都是先学会爬上去然后才会往下爬。不要使用折叠式的、"V"形开口的安全门（这些都有勒住宝宝致死的危险）；使用固定安装在墙上的门（靠压力固定的门不牢固）。栅栏缝隙的宽度都要小于3.8厘米。
- 如果家里有地下室，那就安装自动碰锁门来防止宝宝从台阶上摔落。

洗衣房

- 所有的洗衣粉和清洁用品都要放置在孩子无法触及的地方。
- 每次使用后都清洁烘干机的出风口以防止绞入线头而引起火灾。
- 不要让宝宝靠近熨斗或熨衣板；熨衣板是很容易倾斜的，又烫又重的大熨斗也很容易被拖拽电线拉下来砸到或烫伤孩子。使用完毕后关掉熨斗的开关好好保管。
- 把干洗清洁袋打结之后再丢弃。

户外

- 当你在使用除草机、除雪机或任何其他电力设备时，不要把你的宝宝——或任何一个孩子放在院子里。在操作这些机器时，不要跟宝宝一起坐在上面或是抱着宝宝操作机器。
- 绝对不要把宝宝单独留在户外。
- 要随时关注你的宝宝有没有捡起什么危险品或者已经放入口中。
- 宝宝需要晒太阳来刺激维生素 D 的分泌，这对于骨骼的强健是很有必要的。天气缓和的时候，每周要有 2~3 次把宝宝的部分皮肤（手、胳膊和脸）暴露在阳光下 5~15 分钟。如果你的宝宝肤色偏暗，他做日光浴的时间要稍稍加长。为了防止晒伤，可以在宝宝的头上戴一顶宽边的帽子，在他满 6 个月之前，要穿着厚度适中的衣服并在他的脸和手上稍稍涂抹一些不含有氨基甲苯的防晒霜（防晒系数至少为 15 倍）。当他满 6 个月后，要在他露出的皮肤上大量涂抹防晒霜。中午的阳光是最强的，因此，上午 10 点前和下午 3 点后再让宝宝晒太阳。
- 使用和储存烧烤架时要远离任何易燃品。只能在户外使用烧烤架，不要在家里靠墙放置。要确保你的孩子不去碰触烧烤架。在丢弃木炭前要确定它们已经冷却。
- 火坑或篝火周围要随时设置障碍物。在户外有篝火活动时要随时看管好在篝火附近玩耍的孩子。离开前要确定火完全被扑灭。
- 汽油、煤油和丙烷等要远离你的房子存放，而且只能存放在特定的安全容器内。
- 如果草坪上喷洒过农药或除草剂，至少要在 48 小时内让孩子远离草地。

家中的有毒物品

- 如果你的宝宝吞咽进任何有毒物质,给急救中心打电话,并尽快赶去医院(详见第六章"中毒")。不要给宝宝食用吐根糖浆(用于食物中毒及排除胃内毒物急救)。
- 如果你宝宝的眼睛里掉进有毒物质,扒开他的眼皮,用大量的温水从他的内眼角倒入冲洗。如果是皮肤沾上有毒物质,脱掉衣服用温水清洗皮肤。
- 所有有毒物质都要放在密封的容器中,存放在有锁的抽屉或柜子里,并远离孩子的可触范围。保持抽屉或柜子处于关闭状态,并使用安全锁或绳子捆好以防宝宝把它打开。
- 所有的有毒物质都要保存在原始容器中并保留原始标签。
- 曾经装有有害物质的容器要丢进可以上锁的垃圾桶中,或者扔到家外面的垃圾桶丢弃。
- 不要让你的宝宝咬报纸、杂志或书页,有些油墨可能是有毒的。
- 不要让你的宝宝咬礼品包装带,丝带上的染料有可能是有毒的。
- 不要让你的宝宝舔窗台、走廊的台阶、铁门上的栏杆,或者其他任何表面。这些东西都有可能是用含铅油漆粉刷的。
- 不要在宝宝面前食用药物或营养素。如果他想要把所有你放进嘴里的东西也放进自己嘴里的话,他可能会积极地去找到你的药品和营养素。

环境问题

家中日常使用的物品中含有有毒物质的好像越来越多了,包括氡、石棉、汞、霉菌、铅、水污染物以及很多化学制品。父母们要时刻注意观察有关这些物质的最新消息。

下面列出的是家用物品以及其他有潜在毒性的物质。还有很多其他物品也是有毒性的，这里无法全部列举。

含酒精的饮料	清洗排水沟、马桶和炉灶的碱液和碱性溶液
氨气/氨水	金属抛光剂
防冻剂	卫生球
阿司匹林、含铁的维生素剂以及其他药品和药物	漱口水
漂白剂	美甲工具
硼砂	冬青油
汽车清洗剂	涂料稀释剂
洗衣液和洗衣粉	香水
化妆品	烫发液
洗涤剂	农药
直发膏	植物喷雾和除草剂
杀虫剂和老鼠药	除锈剂
煤油、汽油和苯	鞋油
灯油	松节油
含铅油漆	洗涤碱
家具和汽车的液体抛光蜡	除蜡水
打火机液	挡风玻璃洗涤剂

有毒的植物

很多家养的和花园种植的植物都是有毒的——你最好不要在家里养植物，除非你知道所有植物的名字和习性，而且要远离宝宝放置。绝对不要让他吃掉或是吮吸植物的任何部分。一点一点地啃咬植物的叶子，吮吸植物的茎杆，或是喝水培植物的水，都可能会让他中毒。

下面列出了一部分有毒的植物，除此之外还有很多。也有很多植物的毒性较弱。

杜鹃花	槲寄生
番红花（秋天多见）	牵牛花
飞燕草	茄属植物
接骨木	夹竹桃
冬青树	毒性常春藤
绣球花	毒橡树
日本紫杉	毒漆树
燕草属植物	杜鹃花属植物
铃兰	毒菌
大麻	紫藤

宝宝的专用设备

这节讲述最常见的、实用的宝宝设备（洗澡设备的信息详见第二章"用浴盆给宝宝洗澡"），也包含了买东西的时候应该注意哪些信息，以及如何正确地使用设备。下面列出几条需要谨记的安全方面的大原则。

- 要把完整的产品注册单和保修卡寄回厂家，这样一旦厂商召回产品或有任何警示都可以通知到你。
- 检查新买的婴儿设备是否有青少年产品制造商协会（JPMA）的安全认证标志。
- 不要把任何设备直接放在屋顶的吊扇下、加热装置旁或窗户下面。

汽车座椅

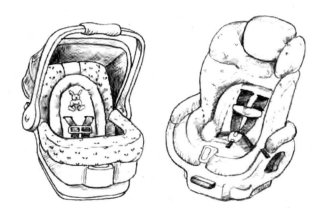

正如前面提到过的，4岁以下的儿童在交通事故中受伤或致死的，比任何其他事故或疾病都要多。正因为如此，儿童乘坐汽车时没有坐在汽车安全座椅里而直接乘坐成人座位属于违法行为。只是各个州之间关于儿童必须系安全带乘坐交通工具的年龄规定有所不同，汽车安全座椅的重量和身高限制也因型号的不同而所有区别。大多数的车祸都发生在距离家8公里之内，车速低于40公里每小时的时候，所以无论你开车走多近的距离，都要随时给宝宝使用安全座椅。

汽车安全座椅大大减少了宝宝在交通事故中伤亡的概率（超过95%）。当车辆撞到某个物体或急刹车的时候，车里的每个人都会以与车辆相同的速度继续向前冲，而安全带可以阻止他们变成飞行物。在车辆行驶时，用双臂紧紧地抱住宝宝是无法保护他的。即使你佩戴了安全带，碰撞的冲力也会让宝宝冲出你的双臂。而且，如果你和你的宝宝一起系在安全带里，撞击的冲力会把你的体重压在宝宝的身上，给宝宝带来严重的或致命的伤害。安全汽车座椅的设计可以把碰撞的冲力均匀地分散到宝宝的全身。

婴儿汽车座椅有不同的类型：只有婴儿可以使用的座椅，以及可转换的婴儿和幼童都可以使用的座椅。只有婴儿可用的座椅是面朝后坐的，而且根据不同的型号，是专门为体重上限为9.9~15.75千克的宝宝使用的。很多家庭都使用可拆分的安全座椅，能够直接从安装在汽车里的底座上插入或拔出，这样可以让父母不移动宝宝就可以拿出座椅。有些座椅还可以被安装在小推车的架子上。只有婴儿可用的座椅很方便，但是通常在一年后就不适合用了，父母就需要再买一个大的安全汽车座椅。

可转换的、婴儿和幼童都可以使用的座椅可以以正向和反向两种方式安装，而且可以承受的宝宝体重上限为18千克。这种座椅有3种捆绑方式：五点捆绑式、丁字盾牌式、套头或托盘盾牌式。要给新生儿购买五点捆绑式。专家认为这是最安全的选择。（盾牌防护可能无法固定宝宝的上半身，在车祸中有可能会伤到小宝宝的头部。）可转换的座椅比只有婴儿可用的座椅重，而且可能不容易移动，但是可以节省开销。如果你要为婴儿购买任何一种座椅，都要确定他能被很好地支撑住。

不论你选择的是哪种座椅，最重要的是你要保持背向安装直到宝宝达到厂商要求的体重或身高上限，或在宝宝2岁以后（这是安全专家给出的最新建议）才可转为正向安装安全座椅。

所有市场上出售的新的汽车座椅必须有联邦政府的标识，但是如果安装不正确或是宝宝坐进去不合适的话，汽车座椅仍然会出现安全问题。如果可能的话，避免购买旧的汽车座椅，做决定的时候不能只考虑价格，尽量寻找新的、易于安装的、捆绑方式适合、安全带可调节，可以清洗座位靠垫的，有足够的头部和背部支撑的结实的座椅。下面是其他关于购买和使用汽车座椅的技巧。

- 阅读生产厂商提供的说明书，并且随时跟座椅放在一起。把所有的登记卡片都寄给厂商，这样一旦有产品召回就能通知到你。

- 阅读你的汽车手册中关于如何正确安装汽车座椅的信息。要在特殊的车型内安装特殊的汽车座椅可以寻求帮助，可咨询有资质的儿童乘客安全（CPS）技师。

- 汽车座椅安装在后排座位，最好安装在中间。绝对不要让13岁以下的孩子坐在汽车前座。

- 绝对不要把背向安装的汽车座椅放在有气囊的前排座位。

- 正确地把汽车座椅安装在汽车的安全带或底层锚杆或儿童安全锁（LATCH）系统上（自2002年9月起所有轿车以及汽车安全座椅都必须按照LATCH系统生产，除非汽车和汽车座椅都是这样的系统，否则你还是需要用安全带来固定座椅）。查看生产厂商的说明书来正确地把儿童安全座椅固定在安全带或儿童安全锁上。座椅前后左右的晃动距离不应该超过2.5厘米。扣紧或贴合好，然后拉紧。

- 如果使用安全带，检查搭扣并确保它不是刚好卡在安全带围绕汽车座椅的那个点上（如果是的话，你的安全带就无法调节松紧了）。查看汽车说明书，看看你是否可以把安全带固定，否则的话你还需要使用一个金属锁扣固定。大部分的新车都配有金属锁扣（有些是内置金属锁扣）。关于如何使用金属锁扣，阅读说明书作为参考。

- 把汽车安全座椅的安全带孔调整到宝宝体型最适合的档位。

- 如果可以的话，把塑料安全夹放置在宝宝的肩膀位置或是下方来固定肩带的位置。

- 确保安全带平整且没有折叠。根据宝宝衣服的厚度调节带子的长度，要确保安全带能够紧紧地固定着他。

- 如果宝宝的头部向前倾，说明座椅安装的倾斜度不够。调整汽车座椅的倾斜度，直到下弯的角度接近45°（根据生产厂商的说明书）。你可以将一个卷起的毛巾或是其他牢固的垫子，平放在座椅底座下面靠近背部和底部与汽车座椅连接的地方。
- 宝宝的衣服要厚度合适，选择可以让汽车座椅的安全带搭扣从两腿之间穿过的。
- 在冬季，系好安全扣并调节好带子长度后用毯子把宝宝围住。不要把毯子放在他的身体下面或背后。
- 用卷起的毯子或是尿布塞进座椅旁边和胯部分叉处的缝隙里，以防止新生儿滑落。
- 不要在汽车座椅上添加任何东西。添加的东西都可能在事故中增加危险。
- 如果使用购车时提供的汽车座椅，要确定你的孩子适合厂商规定的重量和身高限制。一般汽车随赠的座椅都是为1岁以上或者体重超过9千克的孩子设计的。
- 如果你载着早产儿或是非常小的婴儿出行，确定一定不要使用防护盾的汽车座椅。出院之前，你的宝宝会在汽车座椅里接受检查，以确定这种半躺的姿势不会降低他的心率或供氧水平或出现其他呼吸问题。如果你的孩子有特殊需求，就需要根据他的情况专门定做汽车安全座椅。
- 可能的话你应该购买全新的汽车座椅。如果不能，下面是买或者借用旧的汽车座椅的一些技巧：

　　——不要使用10年以上的座椅。与生产厂商确定这个座椅已经使用了多久。有些生产厂商建议客户每个座椅只使用5~6年。

　　——不要使用你完全不知道底细的座椅。绝对不要使用已经发生过车祸的座椅。

——不要使用没有生产日期和座椅名称或型号标签的座椅。

——不要使用与生产厂商的说明书不符的座椅。

——不要使用框架有裂痕的座椅。

——不要使用缺少部件的座椅。如果你想用这个座椅,先与生产厂商确定你能够更换缺少的零部件。

——不要在船上使用座椅。它们没有浮力,不会漂在水面上。

——不要在载着你宝宝的同时,在车里装载又重又松散的物品。

- 绝对不要单独把宝宝留在车里——1 分钟都不可以。
- 大约在宝宝满 9~12 个月时,他就会开始抗议坐在汽车安全座椅里,并试着挣脱出来。要坚持让他待在座椅里,并且告诉他安全带没扣好前汽车不会开动。

车辆安全概述

当你的宝宝长大后,要让他远离车道或街道,他可能会在那儿被机动车撞到。司机在进入车内前应该在周围和车辆背后看看,确保盲区里没有人。

婴儿床

婴儿床可以用到宝宝 2 岁或更大一点。下面是选购婴儿床的一些指导方针和使用时的安全技巧。

- 每年都有几千个孩子因坠落婴儿床而受伤。最新的研究表明,当孩子会移动时,在婴儿床里受伤的概率也会上升,因

此要确定在宝宝可以坐立的时候就降低床垫的高度，而且在他能站立时要把床垫放到最低的位置。

- 不要购买有可拆分下拉式围栏的婴儿床。它们曾经造成过婴儿的窒息死亡，而且这种床已经不再生产。如果你已经有可拆分下拉式围栏的婴儿床，要严肃地考虑购买一张有固定围栏的新床。否则，就要确定护栏或拐角处没有能夹住你孩子的间隙。确定侧面护栏的锁扣和床垫都足够牢固，不致让宝宝掉落。当宝宝在婴儿床里时，要随时将侧面的护栏扣好。
- 可能的话，买一张新的婴儿床。老旧的婴儿床可能无法达到现在的安全标准。如果你一定要使用旧的或二手的婴儿床，仔细检查潜在的危险并更换床垫。
- 检查木条之间的宽度不能大于6厘米，以防止宝宝的头被卡在中间。
- 确保没有丢失、松动、断裂或裂成碎片的木条。
- 确保婴儿床没有尖锐或锯齿状的边缘。
- 检查婴儿床床垫是否合适（婴儿床的边缘与床垫之间的缝隙不能大于两个手指）。床垫的塑料包装要全部拆除。
- 床垫尺寸正好顶住床头板和床尾板。
- 确保婴儿床的每个部件都被螺丝和螺栓紧紧地连接在一起，没有一个丢失，以防止婴儿床的部件散开。经常检查是否每个部件都连接紧密，而且只能从生产厂商处购买替换配件。
- 检查角柱（尖顶装饰）的高度不能高于1.5厘米。如果角柱过高，宽松的衣服可能会被挂住。
- 检查床头板或床尾板是否有开口，否则可能会夹住宝宝的头部。
- 使用大小合适的床单包裹床垫。

- 不要在婴儿床里摆放任何枕头、床上用品、羊皮、毛绒玩具或其他柔软的东西。
- 如果使用床围（不建议使用，因为可能导致宝宝窒息），一旦宝宝可以绕着婴儿床移动或是站立后，马上拆掉。确保床围完整的包围整个婴儿床，并且至少有6条带子或绳子安全地固定，并且长度短于15厘米。你的宝宝可能会卡在床围和床之间的缝隙。一旦他能够站立，他可能会将床围作为台阶翻出婴儿床。
- 使用睡袋为宝宝保暖。如果你使用毯子（不建议），要将边缘紧紧地压在床垫下，并只盖在宝宝胸部以下。
- 确定床铃被安全地连接在栏杆上，而且玩具上悬挂的东西不能过长，否则可能会勒住宝宝导致窒息。检查确定他的可触范围内没有窗帘的拉绳。
- 不要把婴儿床放在靠近窗户的地方，以防止坠落。
- 一旦你的宝宝满5个月，拆掉婴儿床上的健身架以及悬挂的床铃。
- 当栏杆的高度低于宝宝身高的3/4，或者当他的身高达到89厘米时，宝宝就可以睡小床了。

更换台

更换台可以为你给宝宝换衣服或尿布提供方便。无论如何你一定要小心防止宝宝掉落。

- 更换台的表面要完全被高度至少5厘米的护栏围住。
- 确保台面的中间是凹进去的，这样宝宝就不会滑到边缘。
- 随时系好安全带，而且绝对不要让宝宝留在这里无人看管。
- 把东西都放到宝宝可触范围之外。

- 要小心那种桌子旁边延伸出的折叠更换区域。当宝宝被放置在悬空部分的边缘时，桌子可能会侧翻。

睡篮或摇篮

下面是挑选睡篮或摇篮的一些指南以及使用时的安全技巧。

- 可能的话，购买新的睡篮。老旧的睡篮可能达不到安全标准。如果你一定要购买旧的或二手的睡篮，要仔细检查潜在的危险。在2008年，辛普利司品牌有将近100万个3种功能和4种功能的床边睡篮被召回，由于它们存在导致婴儿窒息的危险。这些睡篮可能仍然在二手店或者网上销售。
- 确保睡篮或摇篮底部坚固，以及有宽大、牢固的底座，这样就不会倒塌。
- 要仔细阅读并按照生产商推荐的婴儿体重和体型选择合适的摇篮。睡篮和摇篮通常很快就会淘汰，大约1个月大或重量达到4.5千克的宝宝通常就需要一张婴儿床了。
- 主轴之间的缝隙宽度不超过6厘米。
- 确定螺丝和螺栓都被拧紧。
- 确定可折叠的支架都牢固地扣好或锁好。
- 如果是有轮子的款式，要确定轮子是牢固的。
- 垫子要牢固、平整而且大小合适（垫子与睡篮或摇篮侧边之间的缝隙不能超过两指宽）。
- 检查外部包装和装饰的蝴蝶结、缎带缝得是否牢固。
- 确保在摆动或摇动摇篮时，与墙壁之间有足够的距离。
- 确保在摆动或摇动的时候摇篮可以固定不动。

- 如果摇篮有纱帐，要试试它是不是能很好地折叠起来，否则它会妨碍你把宝宝放进去。
- 不要在睡篮或摇篮里摆放任何枕头、床上用品、羊皮、毛绒玩具或其他柔软的东西。
- 睡篮和摇篮都有翻倒的可能，所以如果你有其他的孩子或宠物也在房间就会不太安全。
- 当你的宝宝在睡篮或摇篮里时，不要搬动它。

床边的合并床

合并床是一种三边有护栏的睡篮，可以直接连接到父母的床边。有些合并床可以转变为独立的睡篮、更换台以及游戏区。这种设计可以让宝宝接近他的父母以建立亲密关系并进行母乳喂养，而且也符合美国儿科学会（AAP）对于防止婴儿猝死（SIDS）的指导方针，建议婴儿最好与父母睡在同一个房间但不是在同一张床上。美国消费者产品安全委员会还没有对合并床有安全标准的规定。

参见前面睡篮那一部分的一些总的指南。

游戏区域

当你想要"解放双手"时,游戏区(或是游戏围栏)是一个放置宝宝的很好的、安全的地方。虽然如此也不要过度使用。宝宝需要更多的机会去探索周围的环境,因此不要为了"宝宝安全、妈妈省心"就一直把宝宝放在围栏里。下面是寻找游戏区的指导方针,以及使用时的安全提示。

- 游戏区是为还不会爬的宝宝设计的。选择一个适合你的宝宝身高体重的游戏区。把宝宝放进去之前要完整地组装游戏区,包括护栏在内。
- 要把游戏区放置在坚固的地面上以防止支架倒塌。
- 游戏区要远离有潜在危险的物品,例如灯具、百叶窗、炉灶和加热器。
- 不要使用床围或其他宝宝能用来爬出游戏区的东西(大的玩具、盒子)。
- 如果护栏被放下,绝对不要把宝宝单独留在有网套的游戏区内。他可能会陷入床围和松垮的网套之间并导致窒息。
- 游戏区网套上面的洞直径不能大于6.4毫米。网套应该牢固地被安装在上梁和底板之间。如果你选择的是木制的游戏区,要确定木板条之间的距离不能超过6厘米。绝对不要使用折叠式的、栅栏式的围栏。

- 确定所有的金属搭扣都在网套或栏杆外侧,而且检查确定折叠款式的折页和锁扣都很严密紧实。
- 要经常检查侧板上覆盖小洞或缝隙的树脂和布料,及时修补和替换。
- 一旦你的宝宝满5个月,就不要在游戏区上悬挂任何玩具。宝宝可能会被绳子缠住以致窒息而亡。
- 绝对不要让宝宝在无人看管的情况下待在游戏区内。
- 宝宝在里面的时候不要挪动游戏区。
- 如果游戏区有附带的更换台,确保宝宝在里面玩耍时要移走更换台。

折叠式婴儿推车

要根据你的生活方式选择适合的折叠式婴儿推车。总的来说,推车要配备易于扣紧和调节的锁扣与安全带,可调节的座椅和遮阳篷,可水洗的面料,可调节的把手,通过安全制动装置可轻易折叠的设计,刹车设计,较宽的轴距,以及可旋转的车轮。宝宝在推车里的时候不要进行调节,以防止他的手指被夹疼。要确保宝宝的手指够不着车轮。如果使用二手推车，要查找相关资料以确定这款推车没有被召回。要确保二手推车是坚固的，车轮要平滑，而且有牢固的安全带。不要在推车把手上挂书包，否则可能会把推车弄翻。绝对不要把你的宝宝放在推车里无人看管。

下面是几款不同的推车的简要介绍。

- **轻质推车（或伞车）**：方便而易于携带，但是不适合新生儿。
- **标准推车**：稳固且座椅可倾斜并有存储空间，但可能会笨重且昂贵。
- **可转换的推车**（推车上安装可移动的汽车座椅）：很方便，但是大多款式都很昂贵。
- **越野推车**：可以在任何地形上使用，但是不适合新生儿，而且不能像标准推车那样简便地折叠起来。
- **四轮推车**：车轮很大，能够平稳地推行而且看起来非常时尚，但是也会很重，很难存放，而且价格昂贵。

婴儿背带（后置式背带和前置式背带）

背带是带孩子行动的绝佳方式，不论是在户外还是室内。你的宝宝会喜欢它带来的温暖包裹的方式，而且你也会喜欢行动时它带来的自由。选择一个适合你的款式（比方说，用条绒或厚重的尼龙材质做成的背带，在夏日的三伏天使用可能会让你觉得太热）。从安全角度讲，要选择适合你的宝宝的身高、体重和年龄的背带（查看生产厂商的说明书来确定）。当你在考虑不同的背带款式时，下面列出了一些其他的安全准则。

- **前置式背带**：选择一款能够牢固地支撑着宝宝并且可以调节位置的背带。确保所有的肩带、带扣、锁扣和腰带都结实耐用。选择较宽的、有填充软垫的、可调节的肩带；有填充软垫的腰带或臀部带；

坚固而有填充软垫的头部支撑；而且腿部伸出去的位置要有松紧或是有填充软垫的材料。确保你可以很轻松地戴上或摘下背带。查看面料是否适合这个季节。要谨记，前置式背带很快就会因为宝宝过大而被淘汰，使用期一般为3个月左右。

● **婴儿背巾**：要确定面料不会让宝宝呼吸困难。棉质的吊带不但暖和、柔软、透气，还可以用洗衣机洗涤。

- **后置式背带**：适合5~6个月及以上的宝宝，那时宝宝的脖子已经足够强壮到承受颠簸。后置式背带或其他竖直放置宝宝的方式都不适合给早产的宝宝或有呼吸问题的宝宝使用，因为这种方式可能会让他们呼吸困难。选择有较宽的、有填充软垫的、可调节的、防滑的肩带以及臀部带。整个背带不背孩子的时候分量越轻，背着孩子的时候也越轻。选择有宽敞的、可调节的内置座椅，并带有可调节的能紧扣住胸部和肩膀的安全带。查看腿部的开口不要过大或过小，而且要能支撑住他的后背。确保金属框架都被缓冲垫包裹好。检查确定没有裂缝、锋利的边缘、粗糙的表面或是能够扎到或划伤宝宝的接缝。选择一款能够让宝宝容易进出的款式。可以考虑带有遮雨棚的、支架牢固的款式。随着宝宝的长大，他们在背带里也会越来越不安分，因此要确定正确使用肩带并且要确保宝宝的安全。使用背带的时候，可以弯下膝盖而不能弯腰，这样宝宝才不会掉出来。宝宝还在里面时绝对不能把背带放到地下——背带可能会轻易地翻倒并伤到宝宝。

婴儿摇椅（婴儿椅）

婴儿摇椅可以安抚焦躁的宝宝，或者照看他，让你有几分钟"放开双手"的时间。下面是一些选择婴儿椅的方法，以及一些使用时的安全提示。

- 确保座椅有牢固的安全带而且底部是防滑的材料。使用时一定要系安全带并且绝对不要把宝宝留下无人看管。
- 选择有宽大的底座和框架的座椅，这样小婴儿就能够坐在里面而不会翻倒。
- 绝对不要把摇椅放在高处，比如桌子上。宝宝摇晃的时候可能会导致座椅的移动，或许会从高处摔下去。宝宝从高处的座椅上摔落是最常见的受伤方式。
- 当你的宝宝超过生产厂商规定的体重或发展阶段后，就不要再使用这种座椅，因为超重的宝宝可能会让座椅翻倒。
- 美国儿科学会（AAP）声称，过多地使用婴儿摇椅的宝宝可能会产生体位性扁平颅（或扁平头综合征），所以每次让宝宝在婴儿椅中不要超过30分钟（关于体位性扁平颅的更多内容详见第六章"扁头症"）。

高脚餐椅

一旦你的宝宝开始食用固体食物，并且可以单独坐立——一般在6~8个月——他会需要一个餐椅，这样你就能够轻松地给他喂食物。有些家长使用安装在桌子上的宝宝餐椅。这样的椅子在拥挤的家里非常有效，比高脚餐椅轻便而且价格便宜（如果你选择买这种餐椅，椅子必须在桌子上锁紧，而且桌子也要足够重以支撑住它的重量）。但是大多数的父母会使用高脚餐椅来给宝宝喂食物，也让他们自己坐在里面吃饭。下面是一些选择高脚餐椅的方法以及一些使用时的安全提示。

- 高脚餐椅所带来的伤害中最常见且最严重的就是摔落。要选择有安全带的、底部宽大的餐椅来避免侧翻。

- 确保座椅有厚厚的填充垫（如果餐椅是木制的，要买一个垫子）。
- 检查餐台部分有没有会划伤宝宝双腿的锋利边缘，底托上有没有容易划伤宝宝手指的破洞或锋利的边缘。确保木制的椅子没有毛刺。
- 检查座位、安全带、底托和框架有没有难于清洗的位置。面料最好是很容易擦干净的塑料或是树脂。
- 选择容易移动的底托。有些底托只用一只手就能够拿掉。
- 检查安全带装置。安全带应该是可调节的，并且可以通过臀部和两腿之间的安全带把宝宝牢牢地固定住。确定你的宝宝无法打开安全扣。绝对不允许宝宝在高脚餐椅中站立。如果高脚餐椅上安装了轮子，要确保它们全部锁好。
- 选择可调节部分结构的座椅。确保每一个部件都有独立的锁扣。高度可调节的座椅非常好用，可以随着宝宝体重的增加，配合桌子和大人的高度调节高度；可调节的托盘不会勒到宝宝的腹部；可调节的脚踏能让日渐长大的宝宝双腿不致悬空。
- 当宝宝在餐椅里时要密切地监督。不要让别的孩子拉椅子或是爬上去。
- 要让椅子远离门廊、冰箱、厨房中的长台面、炉灶以及其他器具。不要把椅子靠桌子太近，否则宝宝会用他的腿踢开桌子并可能造成侧翻。
- 确保高脚餐椅上所有的盖子或插孔都连接牢固，这样就不会给宝宝带来窒息的危险。

婴儿监视器

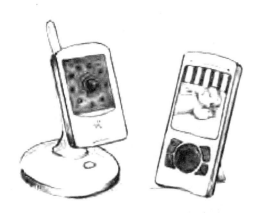

婴儿监视器（实际上就是一个音频或视频的发射器和接收器）能够让你在另一个房间听到或者看到你的宝宝。这是一个能让你马上知道他什么时候需要哺乳、换尿布或是安慰的好途径——同时能让你自由地离开婴儿房做其他事情（虽然如此，监视器也不应该用来代替自己的常识和安全意识）。要安装婴儿监视器，把接收器或摄像机靠近你的宝宝，这样就能捕捉到他所有的声音和动作。查看你个人的监视器的范围。你可以在家里的任何地方随身带着接收器，或者在你家里的任何地方把它插进电源。大多数的监视器可以使用电池，也可接外部电源。有些新款的监视器还能让宝宝听到你的声音。下面是一些选择婴儿监视器的方法以及一些使用时的安全提示。

- 选择小巧的款式。接收器越小，越容易携带。
- 选择有低电量提示的监视器。
- 考虑选择一款有声音提示灯的。如果你正忙于做某件事情让你无法听到接收器里的声音，看一眼声音提示灯就能知道宝宝是否在吵闹。

- 考虑选择有两个接收器的款式。如果你想要把一个留在宝宝的房间里,而另一个随身携带,这样的款式更为方便。
- 在监控器开着的时候不要讨论任何隐私。来自混凝土墙、无绳电话、手机或其他婴儿监视器的干扰,可能会把你的谈话传输到另一户人家的监视器或接收器中。如果你居住在公寓或距离别人家很近,数字模式(能够将声音编码的)会更加智能。同时,要在你的区域内选择适当的频带宽度的款式。一些高端的款式为了使声音更加清晰,能提供的频带宽度高达900兆赫。但是如果你居住的区域有很多潜在的干扰,低频带宽度(40兆赫)可能会更加适合。
- 要避免电击,绝对不要把监视器放在水里或水边。

婴儿秋千和弹跳椅

婴儿秋千或弹跳椅可能正是疲惫的父母和宝宝所需要的。秋千温柔的、有节奏的晃动,能够安抚新生儿;弹跳椅可以让大一点的宝宝消耗多余的精力并让自己愉悦。虽然如此,也不要过度依赖这两种器具,偶尔短时间地使用就好。对宝宝来说，任何东西都无法替代你的爱抚。

有的婴儿秋千是电池驱动的，有的却需要手动。大多数秋千都是前后摇摆的，但是有些秋千也可以左右摇晃。下面是一些选择秋千的方法，以及一些使用时的安全提示。

- 查看秋千是否牢固且无任何松动的螺丝或螺帽。确保座椅和横木坚固且构造合理，不会让宝宝向前翻倒。查看是否有暗藏的可能夹住或划伤宝宝手指的潜在危险。
- 秋千是用来摇动小婴儿的。大多数的生产厂商建议父母在宝宝体重超过7千克或11千克时就停止使用秋千（查看生产厂商的说明书以得到准确的重量限制）。
- 确保秋千有牢靠的安全带以保护宝宝不会滑落。
- 选择座椅套可拆卸、可水洗的款式。椅套要缝合牢固，并且有耐用的粘扣固定座椅，并检查座椅的垫子是否厚度恰当（你可以增加衬垫）。
- 考虑选择可调节椅背的秋千，这种可以更好地让非常小的或是睡着的宝宝使用。
- 如果你在户外使用秋千，寻找那种有顶棚的，这样就可以帮助宝宝遮阳和挡风。
- 考虑选择能播放音乐并有活动底托的秋千，有助于让宝宝对它保持兴趣。
- 当宝宝在秋千上的时候，要随时留意他的状态。

宝宝的弹跳椅有不同的模式和风格。悬挂在门口的弹跳椅安全性略低。门框可能没有坚固到足以支撑住弹跳椅，宝宝可能会撞到墙上，肩带可能会断裂，也可能更容易让宝宝感觉到眩晕。

下面是一些挑选弹跳椅的方法以及一些使用时的安全提示。

- 选择一款适合你的宝宝的身高、体重和年龄的弹跳椅（查看生产厂商的特别说明）。确保他不会从腿部和侧面的开口中滑落。
- 根据弹跳椅生产厂商的说明书来装配、安装和使用。
- 如果使用二手弹跳椅，确保所有部件都在，配有生产厂商的说明书，而且没有被召回。
- 把宝宝放进弹跳椅前，要先摇摇推推，确保固定扣和安全带都正确地扣好。
- 每次宝宝在里面的时间要控制在 10~15 分钟内。如果跳跃时间过长，可能会伤到宝宝的臀部并推迟他爬行和行走能力的发育。
- 绝对不要把弹跳椅当作秋千或是推车使用。要防止突然的猛撞，告诉大一点的孩子们，小宝宝在里面的时候不要去推拉弹跳椅。
- 当宝宝在里面的时候要随时关注他。

固定的学步车和多功能游戏台

学步车曾经是很多孩子小时候用过的，但近年来已经不再建议使用了。这种设备不仅容易让宝宝们滚下楼梯，碰到正在烹调的烤箱上，并靠近其他的危险导致受伤或死亡；而且也可能会阻碍宝宝学习爬行和走路。出于这些原因，美国儿科学会（AAP）自从 1995 年就开始建议颁布关于宝宝学步车的禁令，而且加拿大已经官方颁布了禁止条令。

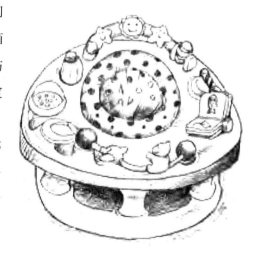

作为宝宝学步车的替代品，很多父母使用多功能游戏台。多功能游戏台是在坚固的圆形底座上安装了一个座椅。形状与学步车相似，但是宝宝的双脚是落在底座上而不会接触到地面。它能让宝宝保持上身直立来练习站立，但是不能让他在房间里移动，这样就比学步车要安全很多。买的时候选那种不容易侧翻而且能更好支撑住宝宝的款式。很多产品都带有玩具供宝宝玩耍。与宝宝的弹跳椅和秋千一样，也要限制他在游戏台里的时间。他需要更多无拘束的娱乐时间来更好地发展行动和平衡能力。

其他安全问题

自行车座椅

在宝宝 1 岁之内不建议使用自行车座椅。另外，骑自行车的时候把宝宝背在前面或后面也不安全。即使使用自行车婴儿拖斗，也会让 1 岁以内的孩子身体过于颠簸。拖斗在路面上行驶是非常危险的，因为它们的高度太低以致很多机动车可能都无法注意到。当你的宝宝满 1 岁，而且他的脖子能够支撑自行车头盔的重量时，比起使用自行车座椅带他骑车，自行车拖斗也还是一个比较安全的方式。

划船和救生衣

如果你和宝宝一起在家里进行水上游戏，要确保他穿着合适的（被美国海岸巡防队审核通过的）个人漂浮装置（PFD）。要遵守个人漂浮装置规定的体重，并确保你的宝宝在水中漂浮时上身保持直立。对于小宝宝来说，必须佩戴漂浮脖圈。个人漂浮装置必须大小合适，而且你不能把它从宝宝的头上提起来。绝对不要使用充气玩具或圆环当作救生用品。确保你和船上的其他人都穿着救生衣，一旦发生危险，你就可以自己救宝宝。

购物车

每年都有很多孩子因为摔落购物车而受伤。要确保宝宝的安全，使用内置式座椅并把安全带全部扣好。如果是使用自己的座椅，要把它完全放入购物车内。不要用边缘来保持座椅的平衡。绝对不要在无人监管的情况下让宝宝独自乘坐，而且当他在推车内时要随时关注。

在你把宝宝放进购物车前，要把把手和座椅彻底擦拭一次以防他受到细菌的感染。要在你自己的包包或尿布包中随时准备一小包湿纸巾。

宠物的安全

- 在宝宝出生前，要考虑给你的宠物进行卵巢摘除或绝育手术。这样能让他们变得平静而且不喜欢咬人。你也必须解决它们可能有的行为问题，并且修剪它们的指甲。
- 宝宝出生后，让你的伴侣或是家人带着有宝宝气味的东西（例如毯子）回家，让你的宠物先熟悉这个味道。
- 当你的宝宝和动物一起待在房间时，要随时关注。关注宠物是否带有攻击性或防御性的表现。
- 当宝宝开始到处爬时，要让他远离宠物的食物和玩具。
- 如果你打算新买一条狗，要提前进行研究。有些品种（罗特韦尔犬、德国牧羊犬和斗牛犬）不太适合家养。
- 爬行动物会让宝宝感染沙门氏菌。孩子在5岁前不应该接触蜥蜴、乌龟或蛇类。

保姆

不论你计划要待在家里照顾宝宝还是回到工作岗位安排日间托管,有时候在傍晚独自外出也是很有可能的。当你需要单独把宝宝留给保姆照顾时,遵循下面的步骤来找到最适合你的家庭的保姆。

尽早开始寻找

如果可能的话,在孩子出生前就开始寻找保姆,可以向朋友、邻居、亲戚、其他的父母们以及主治医生们询问好的候选人。保姆中介公司也是个不错的选择。你需要为这些服务给中介公司支付费用,但是你可以有机会找到比别处更年长、更有经验的保姆。

面试候选人。一旦你有了候选人的名单,寻找某个你觉得足够年长、能做好这项工作的人。大多数的父母都会对年纪较大的保姆更加放心。

要询问每个保姆候选人下列这些问题。在面试过程中,相信你自己的直觉并且注意候选人对这些问题的回答。面试后如果候选人看起来能信守承诺,带他来见你的宝宝。观察他们之间的互动,并且记录你的观察结果和印象。

面试保姆

- 你做保姆有多长时间了？
- 你有照顾婴儿的经验吗？你有接受过心肺复苏术和急救（包括婴儿急救）的训练吗？
- 你为什么喜欢做跟孩子有关的工作？
- 做保姆的工作时你最喜欢的是什么？最不喜欢什么？
- 你还有什么其他的照顾孩子的经历？
- 你还为以前的雇主做保姆吗？
- 你照顾过的其他孩子都是多大年纪？
- 你喜欢跟孩子一起进行哪些活动？
- 你是怎么安慰哭泣的孩子的？
- 宝宝睡着后把他放下的最好办法是什么？
- 你给宝宝洗过澡吗？
- 如果保姆要带孩子出门的话：
    ——你有什么样的车？
    ——你的驾驶记录如何？
    ——你知道如何安装并使用汽车座椅吗？
- 如果保姆要给孩子喂食物：
    ——你要如何准备奶瓶（母乳还是配方奶粉）？
- 如果你有宠物：
    ——你会对动物过敏吗？
    ——你愿意跟宠物们在一起吗？

- 你平常喜欢做什么？有什么爱好？有其他的工作吗？
- 你的父母支持你做保姆的工作吗？你做保姆的时候你的父母在家吗？
- 跟我聊聊你的校园生活吧。运动？活动？成绩？你喜欢学校吗？
- 你需要搭车从你家里往返于这里吗？
- 你每小时的费用是多少？
- 可以给我一个可以打电话做背景调查的家庭名单吗？

电话背景调查

当你选择了几位看起来比较诚信的候选人后，打电话对他们进行背景调查也是很重要的。不要只是简单地询问他们以前的雇主是否喜欢这个保姆，要询问他们下面这样具体的问题，并详细记录他们的回答。

- 这个保姆是从什么时候开始为你工作的，一共多长时间？你是通过什么方式雇佣他的？
- 当这个保姆开始工作的时候你有几个孩子？有婴儿吗？他们性格怎么样？分别是多大年纪？
- 你对这个保姆的总体印象怎么样？他在什么方面做得最出色呢？他的哪些工作需要改进？他有什么你觉得需要改变呢？
- 你觉得应该怎样描述这个保姆的性格？他是有同情心的并且很热情的人吗？耐心怎么样？有礼貌吗？喜欢创新吗？敏捷并可靠吗？他态度积极吗？富有正能量吗？有正确的判断力吗？主动吗？
- 你的孩子跟保姆相处得好吗？
- 这个保姆是如何处理紧急情况的？有什么例子吗？
- 这个保姆是如何管教你的孩子的？你怀疑过他虐待儿童吗？你进行过任何关于他的背景调查吗？

- 这个保姆是否讲卫生并梳洗整洁呢？
- 这个保姆是否遵守你的规定并尊敬你的家人呢？有发生过饮酒、吸烟或是随意闯入的人吗？
- 你还会再使用这个保姆吗？
- 你介意分享一下他的薪资信息吗？
- 你能提供什么建议来帮助我与这位保姆建立良好的关系吗？我还应该了解他的其他信息吗？如果我有什么问题还能再与你联系吗？

为保姆做准备

在第一次把宝宝单独留给保姆之前，安排让保姆来家里做客，这样他就可以慢慢地熟悉你和你的家，以及你的宝宝。你可以让他在你离开之前提前来家里适应半个小时左右。或者如果你觉得你的保姆在照顾婴儿方面不是非常有经验，你可能会想要趁自己在家的时候付钱让他顺便来家里照顾你的宝宝几次。你可以利用这段时间忙一些别的事情，这样如果察觉到有问题发生的时候，你就在附近，也能帮他解决。

给保姆提供尽可能详细的信息，从紧急情况的联系电话号码（包括你将会去的地方的电话）到宝宝的睡觉、喂食以及洗澡的安排——甚至包括禁止食用的食物。如果你的宝宝需要服用药物，要演示给保姆看怎么喂，以及什么时候喂给他吃。如果你要去的地方可能会无法联系，要定时给家里打电话，并且把其他人的电话号码留给保姆以防出现紧急情况（提前确定那个人是否会在家里）。要把手电筒以及急救图表和物品放在手边，并且与保姆一起预演火灾逃生路线。

怎样保持和保姆的关系

一旦你和保姆之间建立了很好的关系,那么维持这个关系也很重要。要尽量告诉他你的真实感受。这种信任会让他更愿意尽量把工作做好。要具体地告诉你的保姆,你觉得他在什么地方做得很好。而且随时谨记要礼貌地对待你的保姆,这可能是他的第一份真正的工作,他非常渴望你的认可。

带宝宝去旅行

带着宝宝去旅行一般要做一些准备工作（有时候要有大量的准备工作），但是遇到情况时你就会发现，做计划并不费事，而且能帮你的大忙。关键就在于你得准备周全，计划到位且灵活多变。要让宝宝每次出行时都感到平静而满足，为他穿着舒适，带上玩具、零食（如果他吃固体食物），还有足够的尿布。在出行途中，要预先知道你将会比自己独自出门时更频繁地停下来，给他喂食物和更换尿布。

在出行前，尤其是长途旅行前，告诉宝宝的主治医生你要去哪里以及要去多久。要保证宝宝注射疫苗的时间进度是很重要的，你安排行程的时候可能需要避开进度表上的时间。确定目的地的医疗设施，以防你的宝宝需要接受医疗护理。随身携带急救箱、宝宝可能需要的药品以及宝宝主治医生的联系方式。

乘飞机旅行

根据美国联邦航空管理局（FAA）的规定，父母不需要为2岁以下的儿童购买座位，他们可以把宝宝放在自己的膝盖上。这种便宜的选择或许听起来很诱人，但是在旅途中让他坐在自己的位置上会更加安全。

任何当前生产的汽车座椅要带上飞机前必须要有美国联邦航空管理局的准许标签。如果你计划要乘坐小型的经济型航班，与航空公司提前确认宝宝的汽车座椅是否适合这架飞机的座位。一般来说，底座宽度不超过40.6厘米的座椅能放进大多数的机舱座椅。牢固地把汽车座椅安装到飞机座椅上，并正确地为宝宝系上安全带。确保他的身高和体重没有超过汽车座椅建议的在飞行途中使用的限制。

如果你在飞行时使用汽车座椅，应提前为你和宝宝预定相邻的座位。汽车座椅必须安装在除了紧急通道那排以外的靠窗的座位——这样在紧急情况下就不会阻碍到你（或其他乘客的）的行动。

如果你想省钱但是还想试着让你的宝宝自己坐在汽车座椅里，带着座椅去登机口。你所乘坐的航班可能不会满员，然后你可以询问是否可以安排宝宝坐在旁边没有人的座位，这样就可以用这个座位安装宝宝的汽车座椅（当然不能在安全出口那排）。尝试预定非高峰时段的航班来增加你得到空座位的机会。如果你在登机口发现飞机满员，就要放弃汽车座椅。确保你和宝宝没有与另一个2岁以下的宝宝被分配到同一排。在紧急情况下，每排将只有一个多余的氧气面罩。不要把宝宝跟你系在同一根安全带里，要自己佩戴好安全带并抱紧他。

下面是带孩子乘飞机旅行的其他要点。

- 在飞行途中很适合使用折叠式儿童伞车。你可以在机场使用（非常省力），也可以折叠起来放在机舱头顶的行李架中。
- 起飞和降落时为宝宝哺乳（或者给他奶瓶或安抚奶嘴）。吮吸和吞咽可以平衡他的耳压。

- 提前考虑好你宝宝在飞行途中的饮食计划,并且携带好所有的必需品(例如在母乳喂养时使用毯子遮挡别人的视线,灌满冲奶粉用水的瓶子,带够足量的配方奶粉)。如果你的宝宝已经开始吃辅食,选择携带吃完不会一团糟的或易于清理的食物。谨记航班经常会晚点,你可能需要多准备一些食物。
- 在手提行李中为宝宝准备替换的衣服。如果他吐了或是漏尿,你要准备好为他更换清爽的衣服。
- 记得要带小玩具来让宝宝开心。但是要确保这些玩具不会打扰别的乘客,特别是如果他们准备睡觉的时候。
- 总的来说,在随身行李箱中携带所有不能缺少的东西,包括:婴儿湿巾、尿布、喜欢的玩具,等等。
- 一些飞机的卫生间有更换台,但是大多数都没有。如果你要在座位上为宝宝更换尿布,要把用过的尿布放入晕机呕吐袋中再丢进卫生间的垃圾桶。

其他安全提示

- 如果你住在酒店,要查看酒店是否提供儿童安全防护措施。如果没有就自己携带(包括电源插孔罩、卫生间和迷你吧台门的安全锁、边缘尖锐的家具的遮盖物以及安全门,如果你居住的房间有阳台的话)。检查酒店的地板上没有宝宝可能会放入口中的小东西。提前预定一张婴儿床,并且在把宝宝放上去之前仔细检查。
- 如果你是驾车旅行,则要在正确的位置使用汽车安全座椅。给宝宝带一个宽边的帽子或在窗户上使用遮阳屏，在阳光强烈时为他保持凉爽和安全。绝对不要把宝宝单独留在车里。

- 如果乘坐巴士或火车旅行，使用宝宝的汽车座椅可能没有固定汽车座椅安全，但宝宝坐在自己的座位上也会比你的膝盖上防护性更好。

FIRST YEAR BABY CARE

第五章 宝宝的生长发育

宝宝1岁之前是父母最兴奋的阶段。在这段时间里,宝宝从一个无助的新生儿变成了一个活泼的小幼童,会探索、交流、解决困难,而且会通过很多方式表现出自己的独立性。这些转变都为你和宝宝带来了新的体验,而且让你们都学会了新的技能。

虽然宝宝在这一年中的发育和发展都遵循着一个基本相同的顺序,但是每个孩子都在按照自己的进度表学习。例如,你的宝宝可能比别的孩子提前学会爬行,但是他学会拿勺子却晚了一些。他最终会学到应该会的所有本领,而且他会利用第1年的时间来练习并完善学会的本领。

所有的孩子都有去学习、去探索、去成长的本能。应该给宝宝提供一个安全的、有趣的环境让他去探索,尽可能地不要约束他的行为(毫无疑问,仍然要同时保证宝宝的安全)。在这个阶段内,你或许不需要正规地来教他学习技能,但是要尽可能多地跟他相互交流。孩子的学习是在同大人一起游戏或者单独玩耍的过程中完成的。他会很自然地学会他该掌握的,也能很好地模仿你。大人需要做的,就是观察宝宝偏爱什么样的游戏,和宝宝互动。了解孩子行为背后的暗示和信号,作出良好回应。随着宝宝的不断长大,他会用新的方式学习更加复杂的能力。

本章将介绍宝宝在第1年的发育过程中比较典型的阶段性状态。谨记这些能力并不是根据严格的时间表进行发育的。大多数情况下,如果你的宝宝在第1年中偏离了这样的进度表也不需要担心。

注意:如果你的宝宝是早产儿,要完成这些阶段性成就可能会需要更多的时间。他的主治医生会更加愿意用他调整后的月龄(按照正常生产时间推算的月龄,而不是他出生的日期)来评估他的发育。别担心,他在两三岁的时候可能就会追上其他孩子的发育进度了。

发育中要引起关注的迹象

在第1年中会有各种各样的基本发育，但是有时候当宝宝缺少一些阶段性成就的时候，可能是由于存在一些潜在的问题。下面就是一些需要引起注意的迹象。

如果你的宝宝在抬头、翻身、坐立以及完成互换物品的能力都发展缓慢，他可能出现了脑瘫的征兆。脑瘫是一种包括大脑和神经系统在内的功能性失调，例如肌肉张力、活动和运动技能。这是由于在怀孕、生产或产后2年内出现的大脑损伤或畸形引起的。脑瘫是无法治愈的，但可以通过治疗来控制症状。

如果你的宝宝不会笑，不会眼神交流，或不会发出轻微的声音和含糊不清地牙牙，他可能是表现出了早期的孤独症征兆。孤独症是一种会阻碍大脑中交流能力发育的功能失调。没有人知道为什么会有孤独症，然而很多人相信是跟遗传有关的。这种病在2岁之前很难诊断出来，但是要告诉你的主治医生，这样你们就可以共同关注是否有进一步的征兆出现。研究表明，及早让孩子接受治疗，他以后的生长发育也会更好。

如果你的宝宝对声音没有反应，或是在接近1岁的时候还不会发出轻微的声音和含糊不清地牙牙，他可能表现了失聪的征兆。关于此问题的更多内容，详见第六章"听力丧失"。

如果你怀疑宝宝有什么地方不正常，就咨询他的主治医生。他可以为你的孩子进行进一步的评估来测试他的运动能力、语言能力和认知能力，并且有需要的话，他会把你介绍给专业人士。

出生~2个月

在前 2 个月内，你的宝宝看起来只是吃吃睡睡。他出现的大多数动作都是反射动作，无论他是清醒还是睡眠状态（详见第一章"1 岁之内婴儿的条件反射"）。在他短暂的有意识的时间内，他会开始使用最基本的知觉，每次只用一种，来了解自己和周围的东西。他还不能控制自己的动作，虽然这严重地限制了他的探索。

在这个阶段，宝宝并不会意识到除了自己以外还有什么东西或人。所有的东西都是他世界中的一部分。自信、对亲子关系的依赖感甚至他的独立能力都是现在这段时间发育形成的。通过对他始终如一的照顾，你告诉他这个世界是安全的、值得依赖的，所有的事情都是有规律的和可预知的，这种安全感会让他自信地去探索和尝试新的东西，以后也容易适应陌生环境和乐于与人交往，然后更好地成长和发育。

在第 1 个月中,你的宝宝可能会

- 做出反射性的动作——例如:抓握或踢腿。
- 在"肚子时光"(趴卧),他会短暂地抬头;但大多数时候,在没有支撑时他是无法抬头的。
- 近距离有眼神交流,一般是在距离你 20.3~30.5 厘米的时候。
- 盯着看某些东西(不去接触它们),而且很喜欢观察脸和图案。宝宝喜欢看对比鲜明的色彩(例如黑色和白色)。
- 每天的睡眠时间很长,清醒的时间很短暂。
- 可以通过吮吸自己的拳头或手指来抚慰自己。
- 会在心满足的时候安静地呆着,对安抚照顾自己的爸爸妈妈报以短暂的微笑。
- 可以通过声音认识一到两个人。

在第 2 个月中,你的宝宝可能会

- 左右来回滚动。你随时关注着他,他可能会从床上或桌子上翻滚下来。
- 躺着的时候会有一条胳膊伸直,头会转向这一侧,而另一条胳膊会弯起来("击剑"式)。

- 头部的控制能力增强。处于坐姿时，你的宝宝可能还无法把他的头竖起来；俯卧时，他可以把头抬起来保持几分钟。
- 每次只会用一种知觉（比如突然开始吮吸，然后停下来看看周围）。
- 更喜欢看脸或者移动的物体，但是只会关注距离较近的物体。
- 开始用眼睛关注某些动作。
- 开始通过微笑、发出声音以及快速地挪动胳膊和腿来寻求关注并做出回应。
- 隔一段时间会哭，发出轻微的"喔啊"声音，对声音一般会有回应。
- 能认出经常照顾他的人的声音和触摸。
- 能把某些位置和人通过特定的事情联系起来——例如，妈妈会来哺乳。

3~5 个月

宝宝清醒时间的明显增多和延长,他也变得更加活跃了。在这段时间,他逐渐地学会了抓握物体,并把东西抓到面前看一看尝一尝。他开始用身体——尤其是嘴巴——来辨别每个物品的特征。他开始在有支撑的时候发展坐立的能力,这样可以让他解放双手并增加他的视野,还可以让他更充分地观察周围的事物。

宝宝的社交意识也在迅速地发展。他通过笑、发出声音以及移动整个身体来寻求并获得他人的关注。身边的人或东西会让他感到有趣,而且他乐于自己动个不停,也喜欢看其他人忙来忙去。

在第 3 个月中，你的宝宝可能会

- 当俯卧时，他会趴在前臂上休息并抬起头。
- 有支撑的时候坐立几分钟。
- 开始用双手接触某个东西，试着拍东西，并用力踢。
- 在房间里探索明亮的颜色、形状和图案，并寻找声音的来源。
- 自然地微笑。
- 观察和吮吸同时进行。
- 在两顿奶中间，醒着的时间会长达 45 分钟。
- 开始展现出对顺序、后果和人的记忆。
- 用不同的动作和表现来表示他的心情和需求。
- 用声音来回应谈话和歌声。

在第 4 个月中，你的宝宝可能会

- 从仰卧姿势翻滚为侧卧，或是从俯卧姿势翻滚为侧卧或仰卧。
- 有支撑的时候可以坐立，并支撑起头部长达 10~15 分钟。
- 俯卧时撑起上半身。
- 观察并玩耍他的双手。
- 碰触（也可能够不到）、抓住、拿起，然后放开东西。
- 把所有的东西都放进嘴里。
- 洗澡时溅起水花。
- 转动头部和眼球看各个方向的东西，观察走动的人，或是寻找声音的来源。
- 开始牙牙学语并练习发声。
- 大笑。

- 开始喜欢某个东西或玩具。
- 区分不同的脸，并认出他的主要看护人。
- 清醒的时间每次会至少长达 1 小时，而且对细节会有持续的兴趣。
- 哺乳时的动作越来越多，他还会把吃奶当作与妈妈亲近和玩耍的机会，一副很享受的样子；这时的宝宝可能不再需要吃夜奶了。

在第 5 个月中，你的宝宝可能会

- 通过摇摆、翻滚（从俯卧到仰卧，或从仰卧到侧卧）、扭动和踢腿来移动。
- 后背有支撑的话，可以坐立长达半小时。
- 可以轻易地被拉起到站立姿势。
- 轻易地触及并抓住某物品。
- 想要被抱起来时会挥动并举起双臂，被抱住时会向上攀爬。
- 把脚拉进嘴里吮吸脚趾。
- 发出含糊不清的声音来寻求关注，并对自己、他的玩具或是镜子里的自己发出声音。
- 会在黎明时清醒，准备并渴望去玩耍。
- 清醒的时间每次会长达一两个小时，玩耍时不愿意被打断。

6~9 个月

当他能翻滚、慢慢地移动并最终会爬行时,宝宝的世界会明显地扩大(注意:有些非常健康的宝宝不用学就会爬)。很少有东西能逃脱他的无止境的好奇心,而且他开始通过挤压、捅、品尝的方式来检查物品。

越来越多地,宝宝开始通过观察和模仿其他人来学习。当他看不到你的时候,他开始知道你是否还在。他也开始感觉到别人的情绪并有所回应。

宝宝开始知道他喜欢和不喜欢的东西。比起被你抱着,他有时候可能会更愿意到处探索。如果他开始吃辅食,可能会想要自己吃。

在第 6 个月中，你的宝宝可能会

- 从仰卧翻滚为俯卧。
- 独立坐一会儿，头部可以保持平衡并放开双手。
- 喜欢站起来（被牢牢地撑住）并蹦跳。
- 开始扔掉与自己差不多高的椅子上的东西，寻找它们，并哭着要别人把它们捡起来。
- 把玩具从一只手换到另一只手，并转动腕关节操控玩具。
- 想要抓住所有的食物和器皿。
- 发出重复的一连串的声音（"嗒—嗒—嗒"），密切地观察说话人的嘴巴，并试着模仿大人的音调变化。
- 通过哼唱、摇摆或跳跃来表达对音乐的喜爱。
- 含糊不清地说话时有音调、音量和速度的各种变化。
- 观察并与兄弟姐妹或其他孩子一起玩耍。
- 即使看不到也能记住主要看护人的存在。
- 表现出自己的独特个性。他会让你知道多少运动量就足够了，他所需的睡眠量，以及他喜欢什么食物。

在第 7 个月中，你的宝宝可能会

- 趴在地板上蠕动身体——先向后退，然后前进——接着尝试爬行。
- 探索自己的身体。
- 长时间拿着一个玩具。
- 喜欢会发出声音的东西，或是喜欢敲打或摇晃东西来制造声音。
- 可以发出一些音节，并一口气发出不同的音节，比如"ma, mu, da, ba"。

- 喜欢与人互动。
- 对你有越来越强的依赖感而且会害怕孤独，也可能害怕陌生人。
- 在大动作发育方面会表现出紧张和兴奋，比如坐立或爬行。
- 不愿意熟悉的玩具被拿走，而且拒绝做一些自己不喜欢做的事情。
- 开始想要自己吃饭。他可能会用手抓食物，然后塞到自己嘴里，也许会在勺子里的食物放进嘴里之后就闭上嘴巴，学会抓握杯子和勺子。

在第8个月中，你的宝宝可能会

- 爬行。
- 尝试自己拉着东西站起来，而且发现哪些家具足够坚固能让他这样做。
- 使用双手让自己坐起来。
- 喜欢翻腾搬空小柜子、抽屉和书架。
- 把不想要的东西都推开。
- 把一个东西放进容器，然后摇晃它。
- 用他的大拇指和其他两个手指捡起小东西。
- 拿住奶瓶喝东西。
- 牙牙学语时发出不同的声音，有音调的变化，并说出双音节的话语。他可能会大喊来引起注意。
- 有选择地倾听来熟悉词语，并能开始认出一些。
- 重复自己发出的声音或做出的动作。
- 对将要发生的事情的线索有所反应。比如，他会在杯子坠落地板前闭上双眼，当你穿上外套准备出门前哭泣。
- 解决简单的问题，比如按下玩具的按钮让它发出声音。
- 开始讨厌晚上睡觉和午睡。

在第 9 个月中，你的宝宝可能会

- 当你抓住他的双手时他可以站立一会儿。
- 自己稳稳地坐着，并且会原地旋转 90°。
- 用大拇指和食指捏起细小的东西。
- 把手指伸进小洞里。
- 把东西从一只手放到另一只手里。
- 用手抓着食物啃咬，并且在大人的帮助下用杯子喝东西。
- 除了自己的名字之外，还能听懂一两个字的词汇并做出回应，并且会对简单的指令做出回应，比如"不可以""摇一摇"或是"拍拍手"。
- 喜欢看书里的插图。
- 在熟悉的观众面前表演，如果听到欢呼或是笑声会再重复表演。
- 比起成年人，更喜欢观察小孩子。
- 开始表现出自己的固执。
- 喜欢一些幼儿园的游戏，比如听着童谣打节拍和躲猫猫，对游戏做出反应，并且会记住之前玩耍的游戏。
- 害怕洗澡、登高以及在陌生的环境离开妈妈。
- 开始猜测并回应其他人的心情。

10~12 个月

在这几个月中,宝宝从一个小婴儿变成小幼童了——而且从牙牙变得会说话了。他开始学着了解什么事情可以做、什么不可以、什么是安全的、什么是不安全的,并且寻求大家的认可。他的小手逐渐变得灵活,开始学会用手使用别的东西当作工具。

宝宝可能会模仿他听到的词语,而且比起他会说的,他开始能听懂更多词语的意思。随着宝宝越来越多地能够自己去做很多事情之后,他的自信心和判断力也会有所增长。他已经逐渐地成为真正意义上的、有能力的、自信的人了。

在第 10 个月中,你的宝宝可能会

- 稍有支撑就可以站立(一小会儿)。
- 扶着家具可以行走。
- 试着爬到椅子上。
- 不扶着家具行走(在你的帮助下)。
- 给他穿衣服的时候抬起腿配合。
- 能两只手各拿一样东西。
- 拿着曲奇饼干啃咬,甚至可以用手吃完整顿饭。
- 发出"baba"和"mama"的声音,虽然他可能不知道它们具体代表什么。
- 理解并服从一些简单的指令。
- 模仿非话语类的声音,比如咳嗽、亲吻和用舌头弹响。
- 模仿动作,记住,然后一会儿重复这些动作。
- 记住玩具的位置。
- 有了自我意识,并对大家的认可或不认可变得敏感。
- 形成了识别和占有的意识,并且对玩具产生亲切感。

在第 11 个月中,你的宝宝可能

- 可以由大人拉着一只或两只手走路。
- 不需要帮助可以站立很长时间。
- 能够爬上椅子,但是还不会爬下去。
- 同时用两只手做不同的事情。比如说,他会支撑住自己同时捡起玩具。
- 尝试着扔掉东西再捡起来。
- 尝试用两只手或身体的两侧做相同的动作。
- 穿衣服时更积极地配合——例如脱掉袜子,或是把脚伸进鞋里。

- 两只手拿起杯子或奶瓶，然后把勺子放进嘴里。
- 打开盖子观察容器，看着里面把东西放进去再拿出来。
- 比起他能说出的，可以理解更多。
- 在他含含糊糊的说话中夹杂一个词语，或是用一个字来表达整个想法。
- 非常依赖你，不断地模仿家庭成员，更加积极地与照顾他的人一起玩耍。平时如果不是妈妈陪伴的孩子，就会更喜欢那个人而不是妈妈。
- 对陌生人表现出害羞，靠在大人身边玩耍，而不是跟别的孩子一起。
- 有了反抗大人的迹象，开始试探大人的底线。

在第12个月中，你的宝宝可能会

- 可以叉着腿走路，但是更愿意爬行。
- 蹲着可以站起来，可以转身90°，并且自己慢慢坐下。
- 更愿意使用一只手拿东西，爱吮吸大拇指；虽然还是用手抓吃东西，也可以用勺子吃，只是可能会洒得到处都是。
- 拿着蜡笔画画。
- 能自己推玩具车和球玩，还会把玩具递给某个人。
- 把玩具或东西撞到一起发出响声。
- 把积木垒起来。
- 配合穿衣服。
- 尝试着解决问题，虽然总是出错。
- 变得挑嘴并且不太听话，尤其是吃饭和睡午觉这两件事，总是和大人闹别扭。
- 向家人和自己喜爱的玩具表示关心和爱护。
- 重新对陌生人和陌生的环境产生恐惧。

1岁以内的玩具

对你的宝宝来说，所有的东西都是玩具——手指、脚趾、扣子、衣服上的装饰、人和宠物、家庭用品，甚至是一个线头。在第一年内，他会玩耍一切他认为是玩具的东西，并由此来认识自己和自己的世界。正因为如此，要尽量确保他周边环境的安全（关于让宝宝保持安全的更多内容，详见第四章）。

给宝宝玩具要让他们感受到新的挑战，不太难或者不会让他们觉得沮丧的玩具即可，但也不能限制太多或是太简单（接下来的内容会帮助你选择适合宝宝能力发展的玩具）。你不需要去购买很多昂贵的玩具，因为这么大的宝宝完全能够从家里自制的玩具或是一般的家庭用品中获得同样的乐趣。

例如，你可以：

- 在衣架上悬挂一些彩色的图片，并移动它们。（确保所有的珠串或线绳都捆绑牢固，并在宝宝的可触范围之外。）

- 给你的宝宝准备一套大大小小的塑料球和塑料碗、塑料盆、塑料桶之类的，他能够把东西丢进去再倒出来。
- 把两三个线轴穿在一起，做成一个简便的"啪啪响"的打击乐器玩具。

当你为宝宝购买或制作玩具时，要谨记下列事项：

安全性

寻找没有锋利的边缘或是尖角的玩具。确保玩具不会被打破或被啃掉某个部分。这样做是为了避免宝宝吞食玩具零件之后造成窒息，选择那种宝宝无法吞进嘴里的玩具（玩具上的部件也是如此）。玩具上所有的线绳都要短于17.5厘米，但是也要在宝宝玩耍带有线绳的玩具时随时关注他。

玩具的所有部件都必须是无毒的。

坚固性

确保你为宝宝选择的玩具能经得住宝宝对它的摔打。

多功能性

一个好的玩具可以同时刺激多个感官，同时也为不同年龄段和不同发展阶段的宝宝提供了不同的乐趣和用途。例如，有些抓握玩具的颜色非常鲜亮，有可爱的图案让宝宝欣赏，而且易于抓握，有不同的纺织面料让宝宝用手和嘴巴体验，而且还内设铃铛来刺激听觉并鼓励摇晃或转动玩具。

玩具	月龄	能力的发展
图片	从出生开始	图片可以帮助宝宝发展视觉观察力（包括聚焦、距离、细节、色彩和图形的认知）。在婴儿床上、墙上或是床铃上粘贴色彩鲜明的或是对比强烈的贴画、海报或其他图片（尤其是人脸的图片）。确保这些东西都在他的可触范围之外。开始的时候，你的宝宝只能注意到20.3~30.5厘米的距离，到了第4~6个月时，他就可以看到整个房间的东西了
书	从出生开始	开始的时候，宝宝可能不会对书表现出太大的兴趣，但是书在他语言能力的发展中扮演了非常重要的角色。尽可能多地读给他听。选择颜色鲜亮的、带有有趣的图案的书。小宝宝尤其喜欢看有脸的图画。指给他们看的时候要说出这些东西的名字并详细地描述。模仿动物的叫声或讲故事。第9个月或第10个月时，宝宝就会喜欢拿着书，前前后后地翻看，对它做鬼脸，并扔掉它。确保你选择的纸板书坚固或廉价，或两者兼顾

玩具	月龄	能力的发展
床铃	出生~2个月	颜色鲜亮而且形状各异的床铃会激发宝宝的兴趣。选择一个你觉得从他的角度看最有吸引力的款式。把它安装在宝宝的面前，但是不在他的可触范围内
	3~6个月	在这个月龄，你的宝宝将会伸手去探床铃，因为他正在通过抓住目标来学习协调双手的动作。如果把床铃拿开，宝宝还会用他的脚试着去探目标物。如果这个床铃在宝宝移动它或踢垫子的时候发出声音，就更加会激发他的兴趣。谨记要在宝宝能够站立时拿走床铃
镜子	2~6个月及以上	镜子有助于激发宝宝对人脸的兴趣，也会慢慢让宝宝了解脸是人的一部分，而且他自己也是独一无二的。在他的婴儿床里或更换台的旁边悬挂一个小的、摔不碎的镜子，躺下的时候镜子正好就在他的面前。宝宝会很喜欢观察自己，然后最终会喜欢看所有的镜子
毛绒玩具	2个月及以上	毛绒玩具能够刺激宝宝的动作发展——对脸部的兴趣（2个月），伸手探和抓握（3~6个月），早期对物体的操控和对面料的兴趣（6~18个月）。毛绒玩具的脸可能会吸引宝宝，但是他最先感受到的是玩具柔软，好抓又好咬。绝对不要把毛绒玩具放在宝宝的床里。如果你的宝宝在睡眠中呼吸时距离毛绒玩具太近，他可能会缺氧
	4个月及以上	你的宝宝可能会特别喜欢某一个毛绒玩具。他可能会看见周围别的孩子经常抱着一个毛绒玩具，跟它说话，而且与其他的玩具相比更加喜欢某个毛绒玩具。因此他也可能会有样学样，变得更加喜欢某个毛绒玩具而不是其他的玩具

玩具	月龄	能力的发展
摇铃/吱吱叫的玩具	2~4个月	摇铃、吱吱叫的玩具，或是任何装有铃铛的玩具都可以让宝宝盯着看移动的东西和寻找声音的来源。慢慢地在宝宝的眼前移动一个颜色鲜艳的、亮闪闪的摇铃或是会吱吱叫的玩具。一开始他只有眼睛会动，慢慢地他的头也会跟着动。轻轻地在他面前摇晃摇铃或是吱吱叫的玩具，然后分别在他的两侧轻摇，他就会学着去寻找声音的来源
	3~7个月	随着他渐渐地长大，摇铃或是吱吱叫的玩具可以帮助他发展伸手探、抓住、再放开的能力。他会学着抓起来、摇一摇，然后把玩具相互碰撞。在宝宝的可触范围内抓着或悬挂这种玩具，把它放到他的前面，然后再放到两边
婴儿床健身架或拉力器	3~6个月	这种产品会有很多功能，包括吸引孩子目光的小东西，可以推拉、踢踹和抓握的小零件。把它横跨安装在婴儿床的上面，或是当宝宝平躺在地板上的时候放在他的上方。宝宝会站立后就要拿走婴儿床健身架
球	3~4个月	一个色彩鲜亮的球加上里面会响的东西，会让宝宝去观察移动的东西，注意并观察声音的来源。可以在宝宝面前慢慢地把球滚过去
	4个月及以上	当你的宝宝用手滚动球的时候，他也慢慢学会翻身，缓慢地挪动、爬行和走路，他一定会喜欢那种一只手能拿住的、颜色鲜亮的、会响的球。他可以转动、摇晃、撞击、扔掉、滚动它，然后在后面追赶
套圈	3~6个月	颜色鲜明的套圈，每一个都易于抓握、结实，而且平滑。是可以让宝宝伸手探、抓在手里和放进嘴里的绝佳物品
	9个月及以上	在这个月龄，你的宝宝会学着控制双手的移动，因此他可以用套圈来玩新花样。最初，宝宝只会简单地把套起来的圈圈摘下来。当这个任务不再具有挑战性后，为他演示怎样把圈圈一个一个地套在柱子上，然后再摘下来。宝宝的好奇心和模仿的需求会促使他把所有的圈圈都套在柱子上

玩具	月龄	能力的发展
积木	5~6个月及以上	积木是一种多功能的而且可以玩很久的玩具。小的、色彩鲜亮的积木易于拿在手里仔细看。你的宝宝会学着协调手的动作,捡起来再把积木扔进容器里。他会把积木相互敲击发出声音,甚至当他是一个学龄前儿童时,他还可以用积木搭建高楼、表演游戏、也可以通过积木学习大小、形状、颜色和数字
嵌套玩具	5~10个月及以上	嵌套玩具是相同的形状但是大小不同的东西,有助于宝宝开发手的协调性,并且知道东西即使看不见的时候也是存在的。这是另一个有助于宝宝学习东西的不同状态的方式:用杯子把一个小玩具扣起来,然后拿起杯子,玩具还在。他很快就能自己玩这个游戏了
多功能游戏箱	6~18个月	这种玩具提供了很多物品可以让宝宝学会操作小机关,掌握很多精细动作,比如转动、推、捅或者敲打。玩具上面有很多不同的部件,如可以打开的门、旋转的球,还有可以拨动的电话键转盘等
推拉玩具	8个月~2岁半	推拉玩具能让爬行或是走路的宝宝感到愉快的同时有莫大的成就感。很多推拉玩具很容易翻倒,那样会让宝宝感到沮丧。选择一款坚固且稳定的推拉玩具。要寻找颜色鲜亮的并且拉的时候会发出声音的
电视	出生~2岁	美国儿科学会(AAP)建议2岁以下的宝宝最好不要看电视。1岁之内是生长和发育的关键时期。通过跟你和其他人的交流和互动,他的语言和社交能力都会有极大的提高,远比看电视节目、DVD光盘或是看视频要多得多
磨牙玩具	4个月及以上	当宝宝开始长牙时,他们也许会通过啃咬东西来缓解疼痛。购买那些无毒的、不会破裂的而且足够大的、不会让宝宝吞咽下去的玩具。这些玩具可能是动物的形状或者钥匙环状的

宝宝的练习操

虽然你的宝宝喜欢自己动来动去，可是下面的这些练习操可以锻炼他的肌肉并测试他的反射能力，也可以让你和他增加一些游戏时间。当你的宝宝清醒并很满足的时候，在坚固的平台上做这些练习操（烦躁的或是疲惫的宝宝会觉得这些练习操很讨厌，不好玩）。谨记要考虑周全。确保你的宝宝已经做好了准备，例如宝宝开始尝试蠕动身体，已经在做爬行的准备，那么你就可以尝试那些帮助他爬行的几组动作。

抓握练习：这项练习是测试宝宝的抓握反射。在宝宝的每个手里都放进你的一根食指，他会抓紧。轻轻地把他的双手拉向你，他将会回拉你的手指（不要抬起他的头部和肩膀）。如果他的手紧紧地握成拳头，轻轻地拍一拍、敲一敲，他的手就会张开。

手臂交叉：这个练习可以让宝宝放松胸部和上背部的肌肉。把你的大拇指放进宝宝的手掌。他会把它抓紧。把他的手臂拉开，然后在胸前交叉。缓慢地、轻柔地并有节奏地重复。

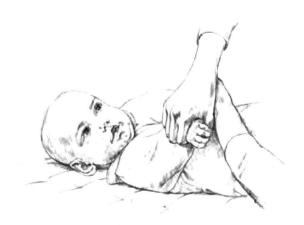

手臂上举：这项练习可以增加宝宝肩膀的灵活性。抓住宝宝的前臂接近手腕的地方。把手臂举过头顶，然后再放回两侧。缓慢地、轻柔地并有节奏地重复。然后两臂交叉练习，就是一个抬起来的同时另一个放下。

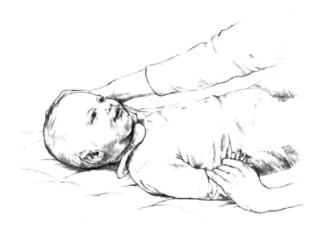

腿部弯曲：这项练习可以增加宝宝膝盖的灵活性，也可以帮助宝宝排气。让宝宝仰卧抓住他的小腿，然后轻柔地向胸腹部位弯曲膝盖。然后轻柔地放下他的双腿并拉直。重复几次这样的练习，包括双腿，或单腿交叉，一个膝盖弯曲时另一个伸直。

蠕动练习：当你的宝宝可以稍稍控制头部时，这个练习有助于他伸展双腿并强化下背部的肌肉。让宝宝俯卧，把膝盖弯曲放在身体下面，然后收回双脚向臀部靠近。用你的大拇指抵住他的脚底。这样的压力会让宝宝双腿蹬直，这样会让他的身体像毛毛虫蠕动一样前移。

宝宝弹跳练习：这项练习可以让宝宝全身放松。让宝宝仰卧或是俯卧在一个非常大的有些泄气的沙滩球、泡沫垫、床上或是任何柔软的、有弹性的表面上。缓慢地、轻柔地并有节奏地按压宝宝周围的地方，这样他就能上下晃动。当他感觉到这种运动时就会放松下来。也可以试着有节奏地轻轻拍他的腹部、胸部、背部、手臂和腿。

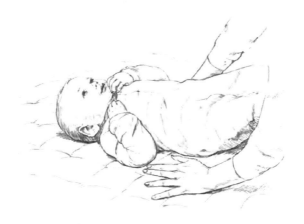

FIRST YEAR BABY CARE

第六章 宝宝的健康护理

宝宝出生第一年的健康护理很重要,因为这会影响到孩子儿童期和成年后的身体和心理的健康状况。宝宝的健康体检非常重要,体检有助于减少因为生病或受伤而去看医生的次数。此外,规律的体检可以让宝宝的主治医生捕捉到他的生长、发育或行为中出现的任何一个不正常的变化。体检还可以让家长获得与健康专家交流的机会,交流内容包括养育过程中的情况、变化,你发现的有挑战性的事情,和做父母的过程中感到困惑的事情。

　　在接下来的内容中,你将会了解更多宝宝1岁以内的健康体检项目和应该注射的疫苗;还有宝宝牙齿的生长,如何对待宝宝常见疾病,尤其是如何照顾发烧的宝宝;书中还对宝宝在1岁之前可能出现的疾病和紧急情况作了详细的说明。

宝宝的健康体检和疫苗接种

健康体检

因为宝宝在 1 岁之前会经历很多生长发育的变化，所以在这一年里有几次常规体验一定要带宝宝去做。医院在妈妈出院时会提供一个宝宝健康手册，家长只要按照手册的规定去定期体检和打预防针就好了（当然，如果他出现了健康问题需要进一步的关注的话，他的主治医生或其他的医疗专家将会更加频繁地约见他）。

这些年来顺利分娩之后妈妈出院的时间都较早，所以宝宝接受健康体检的时间要比过去几年更早。一般来说，宝宝在满第 1 周之前就要做一次体检（母乳喂养的宝宝第一次体检可能会提前到出生后 1~3 天）。在他第 2 个月、第 4 个月、第 6 个月、第 9 个月和第 12 个月时还将进行健康体检。在所有的常规体检中，主治医生都将会：

- 创建诊疗档案以记录病历或健康情况，包括家族病史。
- 测量宝宝的身高、体重和头围。

- 做视力、听力和贫血筛查（在宝宝第 9 个月左右进行血红蛋白测试以判定是否贫血），有需要的话，还会测量体内的微量元素，包括铅含量。
- 发育评估和行为评估。
- 讨论从这次体检到下次体检之间宝宝会有哪些生长发育——可能会包括营养、睡眠和安全性的话题。

在体检的过程中，宝宝的主治医生会使用听诊器倾听宝宝的心脏和肺部，用耳镜检查耳朵内部，以及用光源（眼底镜和／或者小手电筒）检查视力和口腔。主治医生应该还会检查宝宝的腹腔、生殖器官、臀部和腿部。

健康体检是一个咨询和分享关于宝宝情况的好机会。如果可能的话，应该找一个或两个固定的医生来做体验。这样，他会更加熟悉宝宝的情况，也能够从头到尾关注和帮你解决宝宝身体发育和行为发展过程中的很多问题。

疫苗接种

疫苗接种是大多数宝宝健康体检中的一部分。在 1 岁之内，宝宝的主治医生会建议你为宝宝接种能预防重大疾病的疫苗，包括乙肝、脊髓灰质炎、白喉、百日咳、破伤风、嗜血杆菌（Hib）流感、轮状病毒、流行性感冒以及一些肺炎球菌病的疫苗。如果宝宝有接触肺结核病的环境，那么还需要进行肺结核接种测试。

疫苗接种是将病原微生物进行减毒，灭活后注射进宝宝体内，使宝宝获得抵抗某一特定或与疫苗相似病原的免疫力，让宝宝对该疾病具有较强的抵抗力，也在今后一定时间内拥有了对这种病的预防能力。

有些宝宝对疫苗的反应很小。例如，一般在接种疫苗后的 24 小时内，宝宝可能会变得烦躁或是轻微发热，有的注射部位会有肿胀。下文有讲解该如何应对宝宝发热。不要过多运动或触碰发炎部位，可以用温的毛巾敷在肿胀部位。还要限制一段时间内孩子的接种次数。现在，很多疫苗都是复合性的，最多一次可以注射 5 种疫苗，也就意味着宝宝可以减少注射的次数。

在极少数的情况下，疫苗反应会很强烈，引起父母对疫苗安全性和潜在的副作用的担心。美国食品药品管理局（FDA）建议父母们权衡接种疫苗的好处，即接种疫苗能够有效避免很多重大疾病的潜在风险。下面是疫苗接种的一些常识。

- 根据法律规定，宝宝的主治医生要向你提供相关的信息并解释每种疫苗的潜在风险。仔细回顾这些信息——并自己进行研究——然后再与主治医生讨论你的顾虑。
- 近几年来，很多父母都被一种荒谬的关系所困扰着，那就是关于疫苗中被发现的防腐剂成分和自闭症之间的关系，尤其是局部抗菌剂（汞）。多个研究机构的证据推论结果并没有发现二者之间的必然联系，而且绝大多数的儿童疫苗都不会再使用于局部抗菌剂（除了流感疫苗中还有一些）。
- 和主治医生讨论是否可以通过一些手段控制接种疫苗之后的不良反应（例如在接种疫苗前给你的宝宝食用婴儿扑热息痛来预防或减轻发热症状）。
- 如果你或你的孩子对某种疫苗反应强烈，一定要告诉主治医生。
- 询问主治医生是否有什么原因导致你的宝宝不能接种疫苗。例如，宝宝的免疫能力可能由于发热受到了破坏，或者对于之前注射的疫苗或者里面的某些成分（如对鸡蛋过敏，流感疫苗就是在鸡蛋中培养的），你有家族过敏史。

- 任何预期之外的反应都要告诉主治医生。他会把严重的反应情况汇报给疫苗不良反应报告系统（VAERS），这是一个国家成立的项目，用来监督疫苗的安全性。
- 记录宝宝接种疫苗的日期和种类。将来你为宝宝填写入学表格以及类似的表格时会需要用到这些信息。

一岁之内建议接种疫苗的时间表 *

（下面的时间表在不同的诊所和实际注射时可能会有所不同）

疫苗	第一次接种	第二次接种	第三次接种	第四次接种
乙肝 **	出生	1~2 个月	6~18 个月	
轮状病毒	2 个月	4 个月	6 个月	
百白破疫苗	2 个月	4 个月	6 个月	
流感嗜血杆菌疫苗	2 个月	4 个月	6 个月	12~15 个月
肺炎球菌结合疫苗	2 个月	4 个月	6 个月	12~15 个月
灭活型脊髓灰质炎疫苗	2 个月	4 个月	6~18 个月	
流感疫苗 ***	不早于 6 个月，在流感多发季节每年注射			

* 1 岁之后，宝宝还要接受抵抗水痘（鸡痘）、麻疹、腮腺炎、风疹（德国麻疹）和甲型肝炎的疫苗。他还要在 1 岁以内接种疫苗时服用额外的（"增效剂"）口服药。

** 如果母亲是乙型肝炎病毒携带者，还要增加 1 次疫苗接种。

*** 在第 1 次注射流感疫苗后，建议分两次服用口服药剂，中间至少间隔四周。如果你的宝宝在 1 岁内接种疫苗时只服用了 1 次口服药剂，他应该在第 2 年服用第 2 次。

牙齿的护理

宝宝的第 1 颗牙一般会在第 6~7 个月时萌发。虽然如此，但是宝宝的第 1 颗牙也可能在出生到第 18 个月之内随时萌发。牙齿可能会没有任何征兆突然萌出，也可能会有很多征兆，包括流口水，烦躁，看到的东西都要咬一咬，晚上不停地走动，而且总体看起来都像是被疼痛和牙床肿胀所困扰。有些孩子牙床不舒服的时候，希望被哺乳或吃奶瓶的次数会比平时增加，也有的孩子可能不会这样。每个孩子长牙的表现都不相同。（更多关于牙齿萌发的内容，详见第六章"出牙"。）

宝宝在第 1 年中可能会长出好几颗牙，而且他有可能在两三岁之前长出全部的初牙（乳牙）。下面的图中显示了一般情况下每个乳牙萌出的时间。虽然这样，如果宝宝长牙的时间有所提前或推迟，也不要担心。

在牙齿还看不到的时候，就要开始护理宝宝的牙齿了。健康的乳牙对于宝宝下颌和恒齿的发育都是非常重要的。

- 宝宝的饮食要营养丰富。带他到户外去接触阳光以产生维生素 D，有助于强健牙齿和骨骼（详见第 131~132 页）。主治医生可能也会建议补充维生素 D。
- 宝宝在第 6 个月之前不应该补充氟化物。6 个月之后，当你家里的饮用水中氟化物的浓度低于 0.3%（ppm）时才需要补充。
- 宝宝断奶后，给他食用大量的富含钙的食物，如牛奶、奶酪和酸奶。钙是牙齿最主要的构成物质。
- 不要让你的宝宝把奶瓶当作安抚奶嘴使用，而且不要让他在入睡前使用奶瓶。如果总是吃着入睡，他肯定在夜间还想喝点果汁或牛奶。

这种习惯很容易腐蚀牙齿，因为他的牙齿会一直浸泡在含糖液体中（牛奶中含有乳糖，这也是糖的一种形式）。如果你一定要在入睡前让他使用奶瓶，确定里面只能是水。

- 美国牙科协会（ADA）建议在宝宝的牙齿萌出后就要开始为他清洁牙齿。要去掉牙渍，使用消毒纱布片或是干净的手帕来擦拭牙齿，或是用柔软的婴儿牙刷为他轻柔地刷牙。不需要使用牙膏，但是如果你想用一些，确保只能使用豌豆大小的一点。

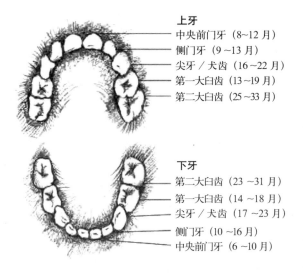

上牙
- 中央前门牙（8~12月）
- 侧门牙（9~13月）
- 尖牙／犬齿（16~22月）
- 第一大臼齿（13~19月）
- 第二大臼齿（25~33月）

下牙
- 第二大臼齿（23~31月）
- 第一大臼齿（14~18月）
- 尖牙／犬齿（17~23月）
- 侧门牙（10~16月）
- 中央前门牙（6~10月）

- 美国牙科协会（ADA）、美国小儿牙科学会（AAPD）以及美国儿科学会（AAP）都建议在宝宝6个月之内第一颗牙萌出后，最迟在他1周岁之前就应该带宝宝进行牙科检查（当地的情况可能有所不同——要咨询牙医）。牙医会检查龋齿和其他问题，并向你演示如何正确地清洁宝宝的牙齿。

应对常见的疾病

每当宝宝生病或受伤时，你希望能马上就知道最佳的治疗方法。本章的详细治疗方法将对你照顾宝宝有所帮助，并且告诉你什么时候需要寻求专业医生的帮助。这些治疗方法包括宝宝 1 岁之内可能会遇到的常见的受伤、疾病和急救方案。

这部分中的治疗方法是以医学理论为基础的，但不能替代专业医生的治疗。一种疾病的症状可能有很多状态，而且对不同孩子的影响也是不同的。宝宝的主治医生可能需要多次诊断才能知道确切的病情。除了下面列出的这些，他可能会有比本书更加专业和准确的处方或诊治。一定要谨遵医嘱，不能随意自行诊治。

如果你对宝宝的健康状况或是对处理疾病或受伤的最佳方式有任何疑问，要咨询他的主治医生。而且，当你看到宝宝出现如下症状时，要根据情况的紧急性，拨打 120 急救电话。

- 任何明确威胁到宝宝生命的受伤或意外。
- 发热（详见第 273~276 页）。
- 严重腹泻。
- 尿血或便血。
- 突然的食欲不振，持续 4 天及以上。
- 异常哭闹。
- 呼吸困难。
- 异常的呕吐。
- 脸色不正常，精神萎靡，或是行为异常。

- 抽搐或痉挛。
- 眼睛或耳朵受伤或感染。
- 头部摔伤或碰伤并引起昏迷,即使只有一小会儿,或者受伤后不良状况持续15分钟以上。
- 皮肤烧伤。
- 异常的皮疹。
- 疼痛的迹象(碰触到某个地方会抽搐)。
- 疑似中毒。
- 吞进异物。

常备物品

下面列出的是要随时准备好的急救和家庭健康护理的物品——安全地保存在宝宝碰触不到的地方。

- 婴儿扑热息痛或布洛芬(服用剂量的信息详见275~276页)。
- 创可贴(各种尺寸)。
- 12.5~2.5厘米宽的胶布卷。
- 冷雾加湿器或雾化器。
- 棉球。
- 安全棉签(专为儿童设计)。
- 尿布疹乳霜或药膏。
- 宝宝指甲刀。
- 电热垫。
- 暖水袋。

- 吸鼻器（球形吸鼻器）。
- 外用酒精。
- 防晒霜（防晒系数至少为15倍而且不含对氨基甲苯酸，即PABA）。
- 体温计（对于新生儿，使用直肠或腋下体温计。耳部体温计适合3个月以上的宝宝使用）。
- 镊子。

发热的概况

很多家长觉得发热是宝宝生病中最紧急的一种。他们会采用所有可能方式给小家伙吃药和用海绵浴来抵抗发热。这些家长都错误地坚信发热是一种会伤害宝宝的疾病。实际上，发热是一种宝宝在与疾病或感染作斗争的征兆。与疾病或感染做斗争的时候，身体会产生多余的热量传播到头部和四肢，再通过皮肤扩散出去。

总的来说，如果通过直肠和耳朵（只能用于3个月以上的婴儿）测试温度低于38.3℃，就不要试图给他降温，而且不要认为发热会威胁到宝宝的健康。尽管如此，如果宝宝继续发热或是他还未满3个月，就应该特别关注宝宝的情况。

下面列出的是一些有关发热的实情。

发热的程度

- 直肠温度比腋下温度更加准确。正常的直肠体温是37.6℃，但是正常的腋下体温在35.9~36.4℃。不同的耳部体温计测量的正常体温也有所不同，要查看生产厂家的特别说明（谨记：3个月以下的婴儿用耳部体温计无法测量到准确的体温）。

- 如果你宝宝的腋下体温是 37.2℃ 或者更高,他可能就是发热了。使用直肠温度计来确定一下。如果他的直肠体温是 38℃ 或者更高,他确实就是发热了。
- 发热时最高的峰值体温并不能说明这次疾病或是感染相比之下更为严重。
- 除非你的宝宝摸起来很烫(比如,他的温度感觉上比你的脖子温度高),或是有生病的样子(吃饭和睡眠都不好、脾气增大等),你就不需要为他测量体温了。
- 高热是指 40℃ 及以上,不论你使用哪种方法测量体温。发热不会损害身体,除非体温达到 41.1~41.7℃,而且发热到这个温度一般是中暑所致,不是常见的疾病。
- 每个人的体温在活动的时候都会有波动,每个时间段的体温也不相同。正常体温在下午的晚些时候及黄昏达到最高值。

发热的治疗

- 在宝宝 3 个月大之后,在你打电话给他的主治医生之前,不要给宝宝喂食任何药物。而且,绝对不要给他食用阿司匹林或其他有阿司匹林成分的药品。阿司匹林会导致雷氏症候群,造成孩子产生一系列的连锁反应,如不断地呕吐并意识减退。为了比较容易地给宝宝服用准确的剂量,可以使用液体的婴儿扑热息痛。还有一种给婴儿使用的婴儿扑热息痛直肠栓剂,如果宝宝有呕吐的症状,可以避免因呕吐而影响药效。在宝宝满 6 个月之前,不要使用婴儿布洛芬。
- 发热会让身体比平时损失更多的水分。为了防止他在发热时脱水,要鼓励宝宝多吃母乳或多吃奶瓶。

- 发热时不要吃药，除非宝宝的体温已经高于38.3℃，还有当他看起来很不舒服的时候。轻薄的衣服，多补充液体，还有让人愉快的、凉爽的房间对于发热来讲都是比吃药更好的治疗方式。
- 治疗发热时，不要给宝宝洗冷水的海绵浴或盆浴，也不能用酒精擦身。除非是在医疗服务人员的指导下。只能用温水给宝宝做海绵擦澡。
- 给宝宝少穿衣服，而且确保家里的温度不要太高。

发热时建议服用的婴儿扑热息痛和布洛芬的剂量

婴儿扑热息痛和布洛芬有各种各样的形式和浓度。一个生产厂商的滴剂可能与另一个生产厂商的产品药量不同。而且，大多数的医生都是按照宝宝的体重决定药量，而不是年龄。大致的方法请看本章接下来的内容。如果你对于剂量有任何疑问，联系宝宝的主治医生或药剂师。下面是给宝宝服用扑热息痛和布洛芬时的更多注意事项：

- 只能使用此药品自带的滴管或是量杯来测量剂量。
- 绝对不要给6个月以下的婴儿服用布洛芬，而且在治疗发热时不要给宝宝交替使用扑热息痛和布洛芬，除非宝宝的主治医生让你这样做。
- 给宝宝服用扑热息痛和布洛芬要仔细测量计量并计算时间。过量服用退热药可能会导致恶心、呕吐和大量出汗——甚至可能危及生命。
- 绝对不要在4小时之内给宝宝重复服用扑热息痛，或是6小时内服用布洛芬。此类药品需要30分钟左右才能发挥作用。
- 再次给宝宝服用药物前要先测量体温。这样可以很好地掌握孩子病中的体温变化，如果体温正常就可以停用药物，以避免不必要的用药。
- 不要为了吃药和测量体温而叫醒宝宝——睡眠比任何其他事情都重要。

婴儿扑热息痛的建议剂量

体重	月龄	剂量	婴儿滴管	儿童的液体/酊剂
2.7~5kg	0~3 个月	40 毫克	0.4 毫克	N/A
5.5~7.7kg	4~11 个月	80 毫克	0.8 毫克	2.5 毫升
8.2~10.5kg	12~23 个月	120 毫克	1.2 毫升	3.75 毫升

布洛芬的建议剂量

体重	月龄	剂量	婴儿滴管	儿童的液体/口服混悬液
5.5~7.7 kg	6~11 个月	50 毫克	1.25 毫升	2. 毫升
8.2~10.5kg	12~23 个月	75 毫克	1.875 毫升	3.75 毫升

遇到下列情况要联系宝宝的主治医生

- 你的宝宝未满 3 个月,而且直肠温度为 38℃ 或者更高。他可能会有严重的感染,这种情况下即使没有其他的症状,也要及时就医。
- 你的宝宝 3~6 个月大,发热时温度高于 38.3℃。
- 发热温度高于 39.4℃,不论你的宝宝多大。
- 你的宝宝有严重的疾病而且伴有发热。

> **注意**:如果你的宝宝发热时出现过惊厥(高热惊厥),下次发热的时候主治医生开的处方药可能会与普通发热症状略有不同。高热惊厥很少出现,而且大多数孩子在 6 岁以上就不会出现了(详见第六章"小儿惊厥")。

如何测量宝宝的体温

出于安全的目的，最好使用电子体温计，而且在给宝宝测量体温时，绝对不要把他单独留下。玻璃质地的体温计可能会断裂，而且有些可能含有水银，那是一种危险的有毒物质。美国儿科学会（AAP）鼓励父母们不要选择使用水银体温计。（咨询宝宝的主治医生来学习如何丢弃才能比较环保和保证他人的安全。）

使用直肠电子体温计为宝宝和幼童测量体温时读数最准确。按照下面的步骤来测量宝宝的直肠体温：

- 使用外用酒精或皂液来清洁温度计的顶端，然后用凉水冲洗干净。
- 在顶端上擦一点润滑油，然后打开体温计的开关。
- 让宝宝俯卧姿势横趴在你的膝盖上或是坚固的平台上。或者让他仰卧，你用一只手抓住他的脚踝向他的胸部方向弯曲膝盖。
- 轻柔地插入体温计，直到顶端完全插入直肠内（1.3~2.5厘米）。
- 用两根手指固定体温计，保持在一个比较松驰的插入状态，同时用剩下的三根手指和手掌成杯环状托住宝宝的臀部。当体温计响起哔哔声，取出并查看读数。直肠体温计显示38℃可能就说明宝宝发热了。

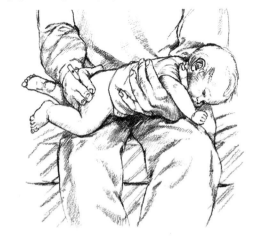

虽然没有直肠体温计那么准确，也还是可以使用数字式的腋下（手臂下的）体温计。把体温计放到宝宝的腋窝下，放下他的手臂夹紧体温计。等到体温计发出哔哔声，查看读数。

宝宝3个月以上时你可以使用耳部体温计。有些家长倾向于这种测量体温的方式，因为它快速而且易于操作。虽然如此，你必须将它正确地放置在宝宝的耳朵里。耳屎过多也会引起读数的不准确。轻柔地将体温计的一端插入宝宝的耳道，然后按下开始按钮。几秒钟之后你就会得到读数。

不要费心使用口腔体温计来测量宝宝的体温，他还太小了，不可能长时间把体温计保持在恰当的位置来得到正确的读数。

临床症状索引

如果你不清楚宝宝得了什么病,可以在下面的索引中查找症状。看看还有什么症状符合(或不符合)你的宝宝。然后,你再有根据地推测孩子有什么疾病。不要假设每个宝宝都有支气管炎,即使出现了那个项目下列出的所有症状。如果你对宝宝的症状有任何疑惑,要与宝宝的主治医生密切地合作。

食欲,不振 .... 294、301、368、374、379

叮咬 .... 285、365

黑头皮疹 283

肢体动作,抽搐 313

排便

    频繁 332

    稀软 .... 332、388

    比较硬 310

呼吸困难 ....285、288、294、297、301、323、344、357、374、376

胸部疼痛 347

咬手指或其他东西 384

发冷 ....335、362、374

哽塞 ....297、376

充血 ....301、335

便秘 310

惊厥 ....313、376、379

协调性丧失 307

咳嗽 ....294、301、316、323、347、362、374

咳血 376

大哭 ....304、307、384

腹泻 ....332、344、376

眩晕 ....285、357

流口水 ....313、326、376、384

困倦 ....326、391

耳部

　　排泄物 335

　　疼痛 335

眼睛

　　斜视 321

　　排泄物 ....335、371

　　发红 ....301、371

　　凹陷 323

肿胀 371

　　水汪汪 301

发热 .... 294、301、304、313、316、323、326、332、335、354、357、362、368、374、379、384、389、391

　　头痛 .... 307、335

　　听力丧失 .... 335、351

　　心力衰竭 288

　　声音嘶哑 301

　　情绪暴躁 .... 301、335、347、368、384

　　发痒 .... 338、365

　　无精打采 .... 301、362、368、391

　　口腔发干 .... 326、354、357、391

　　肌肉痉挛 313

　　恶心 .... 285、376、389

　　脖子僵硬 .... 313、341、368

　　丘疹 .... 283、329

　　皮疹 .... 338、354、376、379

　　流鼻涕 .... 294、301、304、335、362

　　痉挛 .... 313、368、376

　　皮肤

　　　　发青 .... 285、297、313

　　　　苍白 .... 319、338、344、354、357、360

　　　　干燥 .... 326、357

　　　　脱皮 .... 319、338、360

失眠 335

打喷嚏 .... 301、344

话语发育缓慢 351

胃部疼痛 .... 304、310、347、374

意识丧失 .... 285、288、307、357、376

尿液

  有血色 389

  污浊 360

  恶臭 389

  频繁 389

  不频繁 326

  疼痛 389

呕吐 ...... 285、307、313、326、332、344、347、357、368、374、376、391

粟粒疹 .... 283、329

舌头和/或嘴巴里面有白斑 387

痤疮（新生儿）

概述

是一种新生儿的皮肤长出丘疹的症状。很多专家都相信这是由于妈妈体内的雌性激素在怀孕过程中通过胎盘传输给宝宝所致。

你需要知道什么

- 新生儿痤疮是很常见的，而且一般会自动消失。它通常在宝宝第3~6周时出现，一般无需治疗就会在几天内消失或有极大改善。
- 出油区域产生的丘疹最多，如鼻子周围、后背或头皮附近。
- 如果宝宝在皮肤的褶皱里出现红色的小包，他可能是长痱子而不是痤疮。更多关于痱子的内容详见本章"痱子/晒斑"。

必需品

- 毛巾、香皂和水。

症状

- 黑头皮疹（丘疹中心为深色）。
- 白头皮疹（丘疹中心为白色）。

寻求专业人士的帮助

如果宝宝的皮肤看起来非常干燥而且发红，眼泪很多，可能是受到感染所致，可寻求专业人士的帮助。

注意哪些情况

宝宝的痤疮看起来发展迅速并且引起不适了吗？

治疗方法

- 用湿毛巾轻柔地清洗出现痤疮的区域，然后轻轻拍干水分。阻塞的毛孔应该会打开然后自动愈合，不需要接受治疗。
- 确保宝宝睡在干净的床单上，床单要使用温和的清洁剂洗涤。
- 不要使用非处方的痤疮药物或是乳霜。在极少的严重的案例中，主治医生才可能会为他开药。

过敏反应

概述

过敏反应（也被称为过敏性休克）是一种突然发生的、严重的、可能会致命的，对于昆虫叮咬或是某种食物（如坚果）、材料（如乳胶）以及药物（如盘尼西林）产生的过敏反应。虽然很少见，真正的过敏反应通常都属于紧急情况。

你需要知道什么

- 接触过敏源后，症状可能会在不到 5 分钟或 2 小时之内开始出现，但是危及生命的反应可能会经过几个小时的发展才会形成。
- 一些人出现反应后，这些症状会在 2~3 小时后消失。通常这些症状发生在呼吸道系统，而且出现得让人措手不及。
- 任何一个有过敏反应史的人都极有可能再经历一次过敏。那些对食物过敏并引起哮喘的人，发生危及生命的过敏反应的风险可能会更高。

必需品

- 有医生处方的肾上腺素（肾上腺素笔），抗组胺类药物。

症状

- 荨麻疹，以及喉咙、舌头、脖子或面部肿胀。
- 哮喘或严重的呼吸困难。
- 脉搏加速且血压下降。
- 大汗淋漓。
- 头晕、昏厥、意识丧失。
- 恶心、呕吐、腹部痉挛、腹泻。
- 肤色极其苍白或是肤色发青。

寻求专业人士的帮助

你的宝宝呼吸困难，逐渐失去意识，或者出现多种上述的症状。

父母该做的

如果你的宝宝出现了上述的症状，要懂得识别他的症状，并打电话给专业人士寻求帮助，或是遵循固定的治疗方案。

治疗方法

- 最佳的治疗方式就是避免接触会导致过敏的过敏源。
- 如果你的宝宝有发生过敏反应的风险，他的主治医生应该会开具肾上腺素注射装置（肾上腺素笔）作为紧急情况使用，并教你使用方法。在发生紧急情况时，使用处方药物并拨打 120 急救电话。
- 你的宝宝可能需要佩戴一个医疗鉴定手环。

呼吸或心脏骤停

概述

呼吸或心跳骤停是一种危及生命的情况。对于婴儿来说，呼吸骤停大多都是缺氧所至，例如无法呼吸、溺水或哽塞。在2010年，美国心脏协会更新了它的指导方针，建议每个人都应该学习心肺复苏术（CPR），以通过胸部按压来维持血液流入大脑。

你需要知道什么

- 时间紧迫。一旦有人呼救要马上采取行动。
- 如果你的宝宝是由于哽塞导致呼吸困难，而且他仍然意识清醒但无法呼喊，遵照本章"窒息的急救步骤（1岁以内）"来尝试去除宝宝口中的异物，如果需要的话再开始心肺复苏术（详见下一小节）。
- 如果你的宝宝是由于触电引起的呼吸困难，如果他还接触着电源，不要直接碰触他。切断电流，摘掉保险丝（或是关闭电闸），或是站在绝缘垫上，如橡胶门垫，并且用绝缘物体将他推离电源，如干燥的木板。绝对不要使用潮湿的或是金属材质的物体。

- 如果你的宝宝是由于过敏所致的呼吸困难（详见本章"过敏反应"），马上服用以前开的药物并拨打120急救电话。
- 如果你不知道宝宝为什么会呼吸困难也没有被训练过心肺复苏术，可以使用下一小节的方法。如果你没有接受过训练，你仍然可以进行持续地胸部按压（大约每分钟100次，向下按压胸部3.75厘米）来维持大脑及全身的供血。
- 如果你怀疑宝宝的头部或脖子受伤，千万不要搬动宝宝的头或脖子。很多跌倒的摔伤都会导致头部或脖子受伤，受过训练的专业人士反而会使用下颌插物的方法来帮助宝宝保持呼吸道的畅通。如果你身边没有专业人士，而且时间在一点点过去，你可以使用抬高下颌的方法（详见下一小节）优先给大脑供氧。

必需品

无。

寻求专业人士的帮助

如果你的宝宝呼吸或心跳暂停而且失去意识，让别人去拨打120急救电话，然后在等候救援的同时施行心肺复苏术。如果你身边没有其他人，至少进行2分钟或5个循环的心肺复苏术后，再去拨打120急救电话。暂停心肺复苏术的时间不能超过1分钟。要一直坚持到救援人员抵达，或是宝宝有了脉搏并自己恢复呼吸才停止心肺复苏。

治疗方法

如果你的宝宝窒息住了，详见本章"窒息的急救步骤（1岁以内）"。否则，详见下面关于婴儿心肺复苏术的说明。对1岁以内的小婴儿施行心肺复苏术的方法和对大孩子是不一样的。心肺复苏术课程会让你学会处理紧急情况的最佳方法，但是，即使你没有接受过训练也要尝试进行胸部按压。

心肺复苏术的详细步骤

第1步：轻柔地碰触你的宝宝看他是否失去意识。如果意识清醒，他会有回应和呼吸（如果他有回应但没有呼吸，可能是被哽塞住了。（详见本章"窒息的急救步骤（1岁以内）"）。判断他是否有呼吸的时间不要超过10秒钟，而且，如果你不是受过训练的医疗专业人士，也不要检查他的脉搏。如果你没有得到回应，让他平躺下来开始心肺复苏术，从按压胸部开始。

第 2 步：把两根手指放在胸骨上方或是两个乳头连接线的下面。轻柔地用手指在胸部按压下去大约 3.75 厘米（或至少是胸腔厚度的 1/3）。按下后要让胸部完全弹起。按照 1 秒钟 2 次的速度进行 30 次，或每分钟至少 100 次。如果你没有接受过心肺复苏术的训练，在救援人员抵达之前要持续进行按压。如果你受过训练，继续进行第三步。

第 3 步：按压 30 次之后，清除呼吸道。用一只手抬起宝宝的下颌把他的头部倾斜，并用另一只手向下按住他的额头。（如果你怀疑头部或脖子受伤，而且受过训练的专业人士在你身边，他将会进行下颌插物的方法。如果身边没有受过训练的专业人士，继续使用抬高下颌的方法，优先让氧气进入大脑。）快速地（不要超过 10 秒钟）检查呼吸情况。倾听呼吸声并查看胸部的移动。

第 4 步：用你的嘴巴完全包裹住宝宝的口鼻处，然后轻柔地吹气，直到你看到他的胸腔隆起。在他胸腔下沉的时候让空气排出。2 秒内进行 2 次呼吸。如果没有空气进入，检查他的头部并再次尝试。

第 5 步：重新开始按压。继续 30 次按压加 2 次人工呼吸交替进行，直到救援人员抵达。不要停下来检查脉搏，除非你是受过训练的医疗专业人士，因为这样可能会耽误重要的心肺复苏术。如果有两个人可以做心肺复苏术，挽救呼吸的按压频率可为 1 秒 2 次进行 15 次。

> **注意**：根据美国儿科学会（AAP）的研究，现在可以在一岁以内的婴儿发生心跳骤停时使用自动体外除颤器（AED）。建议要使用儿童护具，但是在必要时也可以使用成人护具。如果有的话，让别人去拿自动体外除颤器，然后按照说明书使用。

毛细支气管炎

概述

由于病毒性感染，一般是呼吸道合胞体病毒（RSV），引起的最小的气管（毛细支气管）发炎并肿大。

你需要知道什么

- 大多数宝宝都会出现毛细支气管炎。支气管炎是较大的气管被感染，婴儿中极少会出现。
- 毛细支气管炎有很多症状与肺炎相似。
- 通常会持续数日或数星期，但会自动消失。
- 呼吸道和胞体病毒感染在每年10月～第2年4月之间最为常见。
- 耳部感染通常会伴有毛细支气管炎。
- 可能会让部分孩子有发展为哮喘的风险。
- 引起毛细支气管炎的病毒有极高的传染性。认真洗手并使用洗手液有助于防止传播。

必需品

- 体温计、医生指定的药物、清洁的液体、冷雾加湿器或喷雾器。

症状

- 流鼻涕。
- 快速的、短促的呼吸。
- 呼吸困难。
- 周期性窒息（间歇性呼吸暂停超过10秒）。
- 鼻孔翕张幅度很大而且频繁。
- 肋骨之间的肌肉不断地收缩和扩张（增加呼吸效果）。
- 呼吸时有呼噜声。
- 哮喘（尤其是在呼吸时发出很大的声音）。
- 发热（详见本章"宝宝的健康体检和疫苗接种"对发热的处理）。
- 咳嗽，常常声音刺耳。
- 食欲不振。

寻求专业人士的帮助

- 你的宝宝出现上述的症状，特别是当他的呼吸急促或吃力的时候。
- 他的嘴唇、肤色或指尖发青，或呼吸起来很疲惫。
- 他拒绝喝水，因为他呼吸非常困难。可能出现了脱水。
- 他还有其他健康问题，比如心脏病或早产儿，同时出现了毛细支气管炎的症状。

父母该做的

- 每天记录体温。
- 监测他的症状。

治疗方法

按照宝宝主治医生的建议进行治疗,一般包括:

- 增加母乳、配方奶或其他液体食物的喂食频率。
- 保持空气湿润。
- 按照规定进行雾化治疗(一种特殊的仪器把药物雾化)。这种药物可能会有助于让某些病人扩张呼吸管道。
- 在鼻吸器中加入生理盐水滴剂。

婴儿窒息

概述

由于吞下异物、卡住食物或出现格鲁布性喉头炎[1]而引起的一种会危及生命的呼吸道阻塞。

你需要知道什么

- 窒息的标志包括：嘴唇、指甲和皮肤发紫；无法喊叫、呼吸或哭泣；高声的哭喊，无力咳出异物。
- 如果你的宝宝依然可以喊叫、哭泣、咳嗽、呼吸、喷溅口水或完全呼出空气，不要干涉他或是打电话求救。这是他正常的条件反射，试着通过咳嗽移除异物。如果咳嗽不起作用，而且你能看见这个异物，可以试着把它猛拉出去，但是要小心不要推进口腔更深的地方。
- 如果你的宝宝呼吸停止而且失去意识，打电话求助，然后试着让他

---

[1] 又叫"义膜性喉炎"，是一种传染性病毒感染，它将导致喉咙及气管的膨胀和收缩，这种病毒通常侵袭半岁至三岁的孩子。

恢复呼吸。详见本章"心肺复苏术的详细步骤。"

必需品

无。

寻求专业人士的帮助

你的宝宝不能喊叫、哭泣、咳嗽或呼吸，而且全身已经开始发紫，或者已经失去意识，让别人去打电话求救，同时你开始进行急救的步骤。

治疗方法

> **注意**：下面的方法适用于1岁以内的宝宝。大孩子的治疗方法是不同的。进行下面的步骤1分钟后，如果你的宝宝仍然没有呼吸而且异物还没有被清理出来，拨打120急救电话。

窒息的急救步骤（1岁以内）

如果你的宝宝仍然意识清晰但无法喊叫或哭泣，根据下面的步骤进行急救。如果你的宝宝逐渐失去意识，要开始进行婴儿心肺复苏术。

第1步：让宝宝面朝下趴卧在你的前臂上，保持他的头部低于身体。用你的手支撑住他的下巴和胸部。手臂放松地把他靠在你的大腿上，将你的上臂抵住身体做进一步的支撑。用你的另一只手的掌根在他的肩胛骨中间快速地敲打5次。

第 2 步：如果异物没有掉出，把胳膊沿着他的脊柱放置并用手包裹住他的头部。然后就这么靠在你的大腿上小心地翻转你的手臂，宝宝就面部朝上了（他的头部仍然低于身体）。用两根手指快速地在胸骨上推压（2.5厘米深）5 次，在两乳头连接线中间下面距离一指宽的部位。

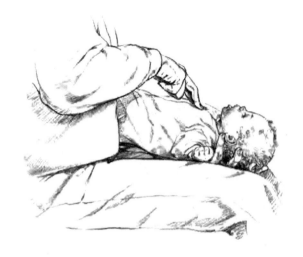

第 3 步：重复第一步和第二步直到移除异物或这时宝宝在逐渐地失去意识。如果他失去意识，开始进行心肺复苏术。详见第 295~297 页。

即使宝宝咳出异物并开始恢复呼吸，仍然要拨打 120 急救电话。如果你能看到异物，但是你的宝宝没有咳出，可以试着把它猛拉出去，但是要小心不要推进口腔更深的地方。

感冒（上呼吸道感染）

概述

一种常见的、传染性的鼻腔和咽喉黏膜的病毒性感染，有时也会影响到耳朵和胸腔。

你需要知道什么

- 新生儿和小宝宝打喷嚏时经常有黏液，那是出生时留在他体内的东西，并不是感冒的征兆。
- 大多数的宝宝在出生后的2年内会感冒8~10次。
- 感冒在开始的三四天内传染性最强；在不加以治疗的情况下症状会在第3天开始缓解。感冒的主要传染途径是咳嗽、打喷嚏以及手部接触传染。
- 抗生素不能治疗感冒（因为感冒是由于病毒引起的，不是细菌），而且可能会让情况加剧或伤害到宝宝的胃部。
- 耳部感染是感冒最常见的并发症。
- 大多数的感冒不需要任何治疗。

必需品

- 体温计、液体、鼻吸器、婴儿扑热息痛或布洛芬、生理盐水滴剂（药店柜台有售）。

症状

- 鼻塞、流鼻涕，鼻涕早期是稀软、清澈的黏液，但是随着感冒的发展，鼻涕经常会变得黏稠而且颜色加重。
- 发红的、眼泪汪汪的双眼。
- 打喷嚏。
- 咳嗽或声音沙哑。
- 呼吸困难。
- 无精打采或脾气暴躁。
- 食欲减退。
- 发热（详见本章第一小节的介绍）。
- 咽喉疼痛或吞咽困难。
- 淋巴结轻微肿大。

寻求专业人士的帮助

- 如果你的宝宝未满6个月，而且出现感冒症状。
- 他的咳嗽持续1周以上。
- 他看起来呼吸吃力。
- 他的嘴唇或指尖发紫。
- 他变得异常烦躁或无精打采。

- 他看起来一侧或两侧耳朵疼痛。
- 他发热38.3℃或更高（详见本章第一小节的介绍）。
- 他拒绝吃东西。

父母该做的

- 如果宝宝看起来发热或生病，就要量一下他的体温（详见本章第一小节的介绍）。

治疗方法

- 鼓励宝宝多吃母乳或奶瓶。
- 如果你的宝宝未满6个月，在给他喂食物或睡觉前使用鼻吸器轻柔地为他清除鼻腔内的黏液。如果这个过程让他感到不适或烦躁，尝试使用普通的生理盐水滴剂。
- 垫高宝宝的枕头，或者在床垫下面头部的位置放折叠的毛毯或浴巾，这样有助于宝宝排出黏液。
- 给宝宝使用婴儿扑热息痛或布洛芬或者任何非处方的药物时，要通知宝宝的主治医生。布洛芬不可以用于6个月以下的宝宝（非处方的药物可能会使黏液变得浓稠并出现其他副作用）。
- 一台冷雾加湿器可能会帮助宝宝稀释痰液。确保你按照生产厂商的说明书清洁加湿器。

肠绞痛

概述

宝宝每天都长时间地紧张并剧烈的哭闹。肠绞痛的一个界定就是"宝宝每天哭泣的时间超过 3 小时，每周超过 3 天，持续 3 周以上"。虽然还没有完整的医学解释，不过普遍认为患有肠绞痛的宝宝可能是神经系统发育不完善，而导致他很容易受到刺激而且无法控制。

你需要知道什么

- 5 个孩子中就有一个会出现肠绞痛，一般在出生后第 2~4 周出现并持续大约 3 个月。
- 因为还没有具体的定义或导致哭泣的明显原因——哭泣可能会持续数个小时——肠绞痛可能让父母感到筋疲力尽。
- 有些证据表明，哺乳妈妈食用牛奶或其他易致敏食物可能会在某些情况下导致婴儿出现肠绞痛。
- 食用以牛奶为原料的配方奶粉的宝宝，如果更换食用水解蛋白的配方奶有可能会变得不容易出现肠绞痛。如果有效的话，你会在几天之内就看到效果。
- 几乎所有的宝宝在最初的几个月内到了傍晚就会变得烦躁，这样的周期性烦躁不是肠绞痛所致。
- 有些宝宝的烦躁是由于胃食管反流症引起的。

必需品

- 体温计、安抚奶嘴、热水瓶或加热垫。

症状

- 昼夜不停的、无法停止的哭泣，而且通常在黄昏时分更加严重。
- 总表现出饥饿，但是吃到一半就开始哭泣。
- 双腿弯曲并向身体收紧，双手紧紧握拳。
- 胃部胀气（由于气体所致）。

寻求专业人士的帮助

- 你怀疑宝宝是肠绞痛，但是想要确定是否还有其他的健康问题。
- 宝宝持续哭泣的时间超过4小时。
- 伴有发热、流鼻涕、咳嗽、呕吐或其他生病的征兆。
- 症状在宝宝满4个月后仍然没有极大的改善。
- 你有点手足无措，需要医生帮忙。

父母该做的

- 寻找导致宝宝不适的可能的原因，如生病、尿布疹或便秘（大便坚硬）。

- 如果食用配方奶粉，确定你冲调奶粉的方法正确，并确定奶嘴滴落的速度大约是1秒钟1滴。

治疗方法

- 并没有保险的治疗方法，所以要尝试不同的方法来安抚你的宝宝。可能任何方法都没有效果，尝试时要有充分的耐心。
- 搂抱、襁褓包裹法（详见第二章"如何抱宝宝"）、摇晃、抱着宝宝走走。
- 把宝宝放在汽车安全座椅里或婴儿推车里出去走走。
- 使用安抚奶嘴或"白色噪音"，例如吸尘器、吹风机、洗衣机或烘干机的声音（不要把宝宝放在提篮里再放置在烘干机顶上）。
- 让他面朝下横趴在你的膝盖上并抚摸他的背部。
- 频繁地为他拍嗝。
- 温和地为他的腹部进行热敷。
- 不要过多逗弄或移动你的宝宝以免造成过度刺激。
- 无论你有多么心力交瘁，绝对不能用力晃动你的宝宝，因为那可能会导致宝宝失明、大脑损伤或死亡。
- 如果你是哺乳妈妈，连续2周内不要饮用牛奶，看看是否可以减轻宝宝的症状。偶尔控制摄入洋葱、卷心菜或咖啡因的量可能会有效果。
- 不要给宝宝过度喂食，这样可能会让他更加不适。哺乳的次数不要超过2小时1次（从开始一次哺乳到开始下次哺乳）。
- 谨记：肠绞痛只是暂时的，会随着宝宝的长大而消失（通常在他第3个月左右的时候）。
- 安排其他人来照顾你的宝宝，即使只有几个小时。如果你能不时休息一下也是很重要的。
- 与其他人一起讨论你的挫败感。

脑震荡 / 脑部受伤

概述

脑震荡一般是指头部收受重击或敲打后发生的短暂的、间歇性失去意识。一般来说，脑震荡被定义为意识混乱或伴随行为改变或意识丧失。

你需要知道什么

- 轻微的头部损伤很常见而且在所难免，但是很少引起人们的关注。
- 受伤严重会引起颅内出血并增加颅内压力。甚至可能在受伤后 1~2 天才出现症状。
- 如果你怀疑婴儿的脖子受伤严重，不要移动他除非绝对必要。移动可能会让伤情更严重。
- 虽然失去意识就意味着大脑受到了短暂的干扰，但是很多时候不会导致严重的伤害。
- 一个观察的原则：如果你的宝宝表现得很好，他应该就很好。

必需品

- 冰、香皂和水。

症状

这些症状由于受伤的严重程度和部位会有不同。

- 有些头皮出血，有"青肿块"，宝宝大哭的时间长达10分钟。这些都是常见的轻微碰撞的征兆。
- 举止异常，高声尖锐的哭泣，或神志不清。这些都是受伤更加严重的征兆。
- 呕吐。

寻求专业人士的帮助

- 宝宝失去意识。
- 轻触他的头部后，大哭而且超过10分钟依然无法安抚。
- 呕吐的次数超过2次。
- 一侧瞳孔比另一侧大。
- 行为异常，看起来失去协调性，有癫痫的动作，或持续不断地情绪暴躁。
- 有伤口，而且很深或是出血很多（可能需要缝针）。
- 头部受到了极大的撞击。

注意哪些情况

- 你的宝宝行为举止怎么样？如果受伤严重，他应该看上去行为异常。

- 受伤后 24~48 小时内要密切关注他。如果受到重击或摔得很严重，宝宝的主治医生可能会建议你在晚上叫醒宝宝几次来查看他的反应是否正常。

治疗方法

- 关注宝宝是否出现了异常的行为举止。
- 在受伤的地方放置冰块或冷敷布来缓解疼痛并消除肿胀。
- 用冰块按压撞击后产生擦伤或流血以及肿胀的部位。谨记：头部伤口最容易出血。用皂液和水来清洗伤口。

小儿便秘

概述

大便发硬（可能是大而干燥或是小颗鹅卵石状），排便困难。

你需要知道什么

- 便秘经常被过度诊断。饮食或疾病可能会导致大便发硬；更为罕见的是一种由于肛门神经细胞的先天性缺陷（先天性巨结肠病）所致的便秘。母乳喂养的宝宝很少会便秘。
- 宝宝排便时会很用力并且肤色发红是很正常的。只是这样的话并不能说明宝宝便秘。
- 家庭成员们可能都有便秘的倾向，这样会让宝宝便秘的风险增高。
- 便秘只是说大便的黏稠度，而不是频率。宝宝们肠道的排便习惯有很大的差异。在1~2个月纯母乳喂养后，母乳喂养的宝宝大便次数可能会减少。
- 当你的宝宝开始吃辅食后，他的大便会经常发生变化。大米米粉和香蕉容易造成便秘，所以这些食物要与长纤维食品一起均衡食用，比如梨和豆类。

必需品

● 纯果汁、水。

症状

● 大便发硬。
● 排便感觉疼痛。
● 排便之后感到腹痛。

寻求专业人士的帮助

● 宝宝排便时看起来有疼痛，稍后疼痛会有所缓解。
● 他的大便里面或是外表带血。
● 他的大便类似小球的样子，坚硬而且干燥。
● 他的便秘经过家庭治疗后没有改善。

注意哪些情况

宝宝饮用的液体量比平常少吗？或是吃多了固体食物而引起的便秘吗？

治疗方法

● 尝试给宝宝饮用 1~2 茶匙（5~10 毫升）纯果汁。用一份水加入一份果汁中。为了更加有效，你可以根据需要调节果汁的量。

- 如果你的宝宝开始吃辅食，要考虑给他增加高纤维的固体食物，像是豌豆、豆类、西兰花、杏、李子和西梅。
- 让孩子多喝水。
- 在给宝宝使用泻药、灌肠、肛门栓剂或矿物油前，要先打电话给宝宝的主治医生。不要尝试使用直肠温度计来刺激排便，除非主治医生让你这么做。

小儿惊厥 / 抽搐（全身或一段时间痉挛）

概述

抽搐或痉挛都是由于大脑中不正常的脑电波而引起的暂时的动作或举止异常。一连串的肌肉痉挛可能会造成肢体僵硬。有时，抽搐会导致暂时的意识丧失或混乱。宝宝的抽搐可能会发生得更为隐秘。

你需要知道什么

- 惊厥通常不会危及生命，大多是在发热时出现（特别是在孩子3岁以前，但6岁后就极少会出现）。与发热有关的抽搐（高热惊厥）通常会在5分钟内结束而且不会造成终生的损伤。
- 与发热有关的抽搐通常是在有家族遗传的情况下出现的，而且在早几年间会重复出现。即使用尽办法可能也无法防止复发。
- 大多数的抽搐会自动停止。
- 其他一些不太常见的引起抽搐的原因包括中毒、重度感染以及癫痫。癫痫发作时，痉挛通常会反复发作。如果被诊断为癫痫，医生可能会指定抗癫痫（抗痉挛）的药物。

必需品

- 治疗发热：体温计、凉水、毛巾和婴儿扑热息痛栓剂。

症状

- 面部和嘴唇发紫。
- 无法控制的、身体的抽搐动作，坚挺或僵硬。
- 呕吐或流口水。
- 眼球转动。
- 可能会出现发热。

寻求专业人士的帮助

- 这是宝宝的第一次抽搐。任何情况下出现抽搐都可以拨打120急救电话，但是一般在救援人员赶到时惊厥就停止了。
- 一次抽搐持续时间超过2~3分钟，或情况极其严重。任何一次抽搐时间超过15分钟都要拨打120急救电话。

注意哪些情况

- 宝宝在抽搐前后有什么表现？
- 抽搐的时间持续了多久？
- 抽搐出现在他身体的一侧还是两侧都有？
- 有发热（详见本章第一小节）或任何受到感染或中毒（详见本章"中毒"）的症状吗？最近有没有头部受伤？

治疗方法

- 把宝宝放在地上或床上。拿走可能会伤到他的东西。
- 让宝宝翻身侧躺,并让臀部高于头部来防止他被呕吐物或唾液哽塞。
- 解开他身上所有紧身的衣物。
- 当他抽搐时,不要在他嘴里放任何东西,如压舌板、手指、液体、或药品。他不会吞下自己的舌头的。
- 一旦抽搐停止,按照正常的方式应对发热,或给宝宝使用婴儿扑热息痛栓剂。
- 向医生求助。如果有发热,宝宝需要接受检查以便确定原因,包括脑膜炎的可能性。

咳嗽

概述

呼吸系统受到刺激或感染时出现的一种抽搐反射。

你需要知道什么

- 很多情况都能导致咳嗽，包括病毒或细菌感染（例如感冒、格鲁布性喉头炎、毛细支气管炎和肺炎）、哮喘、过敏或呼吸道阻塞。
- 咳嗽有助于清除呼吸系统的刺激物和异物。
- 如果咳嗽非常剧烈，可能会引起呕吐。

必需品

- 体温计、液体、冷雾加湿器（可选）、块状物或者折叠的毯子或浴巾。

症状

- 咳嗽是其他病情的症状（详见第279页的临床症状索引）。如果伴有发热、过敏或呼吸困难，很可能是病毒感染引起的。
- 咳嗽可以被分为几种情况，包括湿的（有痰、有充血）、干的、高声的、刺激导致的、喘哮声的、声音刺耳的咳嗽。

寻求专业人士的帮助

- 宝宝未满2个月，而且出现了持续的咳嗽。
- 他的呼吸急促、吃力或有气喘。
- 他持续发热。
- 他持续咳嗽的时间超过1周。
- 他吞咽了异物或被食物哽塞。

父母该做的

- 尽快找出导致宝宝咳嗽的原因，以便决定用什么方法治疗。
- 每4~6小时为他测量体温。
- 观察记录咳嗽症状在白天或晚上哪段时间比较严重或是都很严重。

治疗方法

不同的咳嗽类型治疗方法也不相同。
- 给宝宝多喂水来缓和喉咙不适并减少痰液。
- 一台冷雾加湿器可能会缓解格鲁布性喉头炎和毛细支气管炎的刺激。要确定每天清洁加湿器。
- 不建议给婴儿食用非处方的咳嗽药，可能会有严重的副作用。处方药要根据导致咳嗽的原因使用，药物中可能会含有抗生素、甾体、雾状的支气管扩张成分，或致敏性的成分。

- 要帮助宝宝排出痰液，可以垫高宝宝的枕头，或者把折叠好的毛毯或浴巾放置在床垫头部的位置下面。

乳痂（脂溢性皮炎）

概述

一种非接触性传染的皮肤或者头皮的状态，特点是油腻、淡黄色的鳞屑或可能发红色的生了外皮的斑块。

你需要知道什么

- 宝宝有乳痂是很常见的，但是孩子6岁的时候也有可能会再次出现。
- 乳痂通常出现在头皮上，但是也可能以红色鳞屑的方式出现在产生油脂的腺体附近（前额、眉毛、耳后或腹股沟）。
- 乳痂可能会重复出现，但是在满1个月后通常会自动好转。
- 乳痂没有危害，也不是不卫生所致，而且最终会自动消失。不会发痒也不会引起不适。
- 可以治疗，但不是很必要。

必需品

毛巾、香皂和水、婴儿洗发水、细齿的梳子或刷子、婴儿油、浴巾。

症状

- 淡黄色的鳞屑。
- 像外壳一样的皮肤斑块，周围会略呈红色。

寻求专业人士的帮助

- 在家里治疗数周后仍然维持现状。
- 宝宝的皮肤逐渐被传染。

注意哪些情况

- 关注皮肤感染的征兆。

治疗方法

- 每天用毛巾、香皂和水清洗有乳痂的部位。对于头皮，经常用洗发水清洗头发（如果可能要每天清洗）。
- 用细齿的梳子、刷子或柔软的牙刷清楚乳痂。
- 对于顽固的情况，尝试在有乳痂的部位用一点婴儿油按摩，然后用温热的毛巾覆盖15分钟。然后洗头，用梳子使乳痂松散，然后冲洗。
- 如果什么都不管用，与宝宝的主治医生商量使用药用洗发水来帮助融化乳痂，或者使用呋喃西林可的松霜膏或乳液。

交叉眼（斜视）

概述

一只或双眼都向内或向外侧翻转，两只眼睛注视物体时不是平行运动或平行静止。这是由于控制眼睛动作的肌肉不平衡所致，双眼无法同时聚焦在同一点。

你需要知道什么

- 很多新生儿的眼睛都会周期性地变换位置。这种情况通常在宝宝两三个月大的时候就会有明显的改善。
- 与足月的宝宝相比，早产的宝宝有交叉眼的风险更高。

必需品

无。

症状

- 2~3个月以上的婴儿仍然斜视。
- 绝大多数的时间内一只眼睛或两只眼睛总向中间斜视。
- 双眼不能保持视线的轨迹一致。

寻求专业人士的帮助

宝宝的眼睛斜视,目光显得很涣散,或者在几个月之后仍然无法两眼保持视线一致。3个月之后宝宝还会间断性地出现斜视的话,就需要进行检查。如果你有任何顾虑,可以让你宝宝的主治医生推荐眼科医生或是眼科专家。如果宝宝的情况严重,就必须采取治疗防止出现视力问题。

注意哪些症状

如果宝宝的鼻梁扁平而且他的眼睛内部有皮肤皱褶,这样他可能看起来就是交叉眼。如果他不是这样,那他的情况就叫做假性斜视。不需要任何治疗,这种情况会随着时间不断地好转。

治疗方法

- 没有什么可以在家里进行的治疗方法。如果你怀疑宝宝是交叉眼,让宝宝的主治医生推荐一位眼科专家来为宝宝检查。
- 药物治疗方法可能包括眼药水,一只眼睛佩戴眼罩,佩戴验光眼镜,或是进行手术。

格鲁布性喉头炎

概述

由于嗓子（气管）和喉咙（咽喉）发炎肿胀引起的一种压迫性咳嗽或者呼吸困难。

你需要知道什么

- 出现格鲁布性喉头炎之前，可能会先出现发热和鼻塞的症状，而且经常是突然发作（通常是一夜之间），没有任何明显的原因。需要马上进行家庭治疗。
- 3个月~3岁之间的孩子是最容易受到感染的，因为他们的气管较为狭窄。
- 如果病情严重而且家庭治疗后没有任何起色，可能需要进行药物治疗。
- 病毒感染几乎总是会引起格鲁布性喉头炎，不但如此，过敏也可能是一个原因。
- 格鲁布性喉头炎最常在深秋和冬季出现。

- 如果你的孩子反复发作格鲁布性喉头炎，要与负责的医生来商量进一步的治疗方案。

必需品

- 体温计、冷雾加湿器或净化器、婴儿扑热息痛或布洛芬、水或奶。

症状

- 频繁地干咳，声音像是狗或者海豹的叫声。
- 呼吸困难。
- 发热。

寻求专业人士的帮助

- 症状迅速加重而且家庭治疗方法不足以让宝宝入睡。
- 宝宝发热体温超过39.4℃。
- 宝宝肤色发青、流口水或呼吸非常困难。
- 宝宝无法发声。

父母应该做的

在病情发作时不要把宝宝独自留下，因为这种病可能会持续好几个晚上，要连续3晚严密观察他的情况。

治疗方法

- 虽然你可以在家里应对大多数情况，但是如果宝宝的呼吸没有好转，就要联系他的主治医生。

- 把孩子带进浴室，关门，然后打开热水来产生水蒸气，抱着孩子在里面待15~20分钟。
- 如果使用水蒸气无效，把宝宝带进凉爽潮湿的户外待20分钟。如果仍然没有任何好转，马上拨打120急救电话或联系他的主治医生。
- 如果主治医生嘱咐进行家庭治疗，把冷雾加湿器或净化器放在房间里，并给他喝水以及婴儿扑热息痛或布洛芬（查看剂量信息详见本章"宝宝的健康体检和疫苗接种"）。
- 你的主治医生可能会采用口服的或是注射的甾体来帮助消炎和消肿。
- 不要给宝宝喂食止咳糖浆。
- 不要把你的手指插进宝宝的嘴里来帮他打开气管，组织膨胀而引起的阻塞是不可能这样清除的。

脱水

概述

这是由于宝宝体内水分不足而引起的。包括轻度至重度脱水。

你需要知道什么

- 导致脱水最常见的原因就是腹泻和呕吐。
- 其他原因还有大量的出汗和排尿。发热时,身体也会通过皮肤损失水分。
- 身体内的液体含有重要的盐分和矿物质,当宝宝出现脱水时必须随着水分一起补充这些成分。

必需品

- 体温计、母乳或其他清洁的液体(特别是口服补液或电解质口服液)。

症状

- 口腔和嘴唇非常干燥。
- 凹陷的双眼和囟门（头部的柔软区域）。
- 困倦。
- 无精打采。
- 皮肤干燥或皮肤松软。
- 尿量减少。
- 哭泣时泪液减少或缺失。
- 发热。
- 体重减轻。

寻求专业人士的帮助

- 宝宝的症状非常严重，而且他要么极度嗜睡，要么极度烦躁。
- 持续地呕吐或腹泻（详见本章"呕吐"），而且喂不进去水。
- 家庭治疗方案无法改善他的情况。
- 有糖尿病而且出现脱水的征兆。

注意哪些情况

你的宝宝是否排尿稀少（6小时内没有尿湿尿布或者24小时内没有尿湿8块尿布）？

治疗方法

频繁给宝宝喂母乳或多用奶瓶补充适当的液体。如果是由呕吐引起的，给他一大茶匙（5毫升）母乳或其他干净的液体——最好是购买的电解质口服液。频繁补充母乳，然后可能的话逐渐增加每次的补充量。每次呕吐后，要让宝宝休息一下再开始治疗。你的宝宝应该要补充更多的液体来弥补腹泻或呕吐损失的水分。补充总量要根据他的年龄大小决定。

尿布疹

概述

尿布覆盖的皮肤上出现的皮疹。

你需要知道什么

- 皮肤不断地接触尿液和大便会导致这种皮疹的出现。一种简单的——虽然常常不切实际——治疗方法：不要给宝宝使用尿布（如果你愿意尝试这个办法，更多的信息详见 http:www.diaperfreebaby.org）。
- 酵母菌（念珠菌）感染[1]也是导致顽固性尿布疹的一个常见的原因，需要接受药物治疗。如果你的宝宝服用抗生素，他患有酵母菌感染的风险也会增加。
- 化纤质地的内裤或过紧的一次性纸尿裤会加重尿布疹。
- 大多数宝宝在学会自己如厕前都会有不同形式的尿布疹。最高峰的时期应该是在8~10个月。

---

[1] 真菌感染的一种，其主要症状是瘙痒、灼痛及分泌物增多等。

- 尿布疹通常在宝宝腹泻或排便频繁时出现。

必需品

- 水、宝宝的主治医生建议使用的尿布疹药膏或乳霜或者隔离啫哩。

症状

尿布覆盖的皮肤上出现发红的或红色的斑块，有细小的丘疹，情况严重时可能发展为开放性溃疡或水疱。

寻求专业人士的帮助

- 宝宝的尿布疹开始变得严重，或者丘疹出现白头或水泡。
- 家庭治疗数天后皮疹情况没有改善。
- 出现发热。
- 皮疹感觉疼痛。

注意哪些情况

这部分的皮肤接触过会让宝宝过敏的东西吗？潜在的过敏源包括化纤质地的内裤、一次性纸尿裤、洗涤剂、爽身粉、绵羊油、香水、酒精、乳液和衣物柔顺剂。

治疗方法

- 更加频繁地为宝宝更换尿布，每次换尿布前都用清水为他仔细地清洗。如果你使用一次性纸尿裤，里面不应该含有香精或酒精。让潮湿的地方自然晾干，或者在换上干净的纸尿裤前轻轻拍干水分。按摩可能会带来疼痛而且也可能延迟愈合时间。
- 在皮肤和尿布之间涂上厚厚的一层尿布疹药膏或乳霜，或者隔离啫哩。
- 可能的话，尽可能地增加让宝宝不穿纸尿裤的时间。
- 如果是由于酵母菌感染引起的尿布疹，让宝宝的主治医生提出治疗方法。

腹泻

概述

频繁地排出稀软的、水状的大便,大便颜色呈浅黄色、浅棕色或绿色。

你需要知道什么

- 引起腹泻的原因,包括细菌、寄生虫、饮食的改变、食物或牛奶过敏、食物中毒、抗生素、牛奶或黄豆的不耐受,或病毒。轮状病毒是在1岁前引起腹泻的最常见的原因(一种口服的疫苗可以帮助预防这种腹泻)。它多发于冬季而且通常会排出臭味异常的大便。肠道外的感染,例如耳朵、尿道和呼吸道感染也可能在腹泻时出现。
- 母乳喂养的婴儿在最初的几个月之内,每天一般会有多达12次稀软的大便。
- 腹泻通常会伴有感冒、咽喉痛或者胃部和肠道感染。
- 如果还伴有呕吐,腹泻时可能会导致脱水。

必需品

体温计、母乳或其他清洁的液体,如电解质口服液。

症状

- 大便为液态。
- 比平常排便的次数增多。

寻求专业人士的帮助

- 宝宝大便稀软的频率高于每隔1~2小时1次,持续时间超过12小时。
- 他有发热症状,体温为39.2℃或更高,持续时间超过1~2天。
- 他的大便中带血。
- 他有脱水的征兆(详见本章"脱水")。
- 他看起来有疼痛感。
- 只是轻度腹泻,但时间超过2周。
- 他拒绝吃东西或饮用任何液体。

注意哪些情况

- 有脱水的征兆吗?
- 他的排尿正常吗?
- 他排便的频率是多久,以及大便的黏稠性怎么样?
- 他最近的饮食有变化吗?
- 他发热了吗?

治疗方法

- 如果腹泻的情况比较轻（1天内水状的大便的次数少于6~8次），你通常可以维持宝宝的正常饮食。
- 对于比较严重的腹泻（或者腹泻时伴有呕吐），要通过控制配方奶和固体食物的量让宝宝的肠道得到休息，时间不能超过24小时。你应该尽可能地继续母乳喂养。
- 在他肠道休息的时候，频繁少量地给宝宝喂食母乳或清洁的电解质口服液来消除口渴并预防脱水（不要食用高糖的饮品，比如果汁，而且绝对不要使用煮过的脱脂牛奶）。不要强迫他饮用液体，也不要禁食超过24小时。
- 24小时后（如果你的宝宝吃辅食），可以开始给他喂食大米粥、苹果泥、梨、香蕉、饼干、烤面包、燕麦等谷物。如果你的宝宝饮用配方奶，你可能想暂时改用以黄豆原料的配方奶。
- 第3天，恢复他的正常饮食。
- 如果有溃疡，把氧化锌或其他形式的局部隔离物放在尿布覆盖的皮肤上。
- 绝对不要使用非处方类的止泻药物。事实上它们可能会让腹泻更加严重。
- 你可能想与负责的医生讨论使用益生元（自然食物提取物，有助于促进肠道黏膜的健康）或益生菌（一种"友好的"细菌）。

耳部感染

概述

一种在中耳部位发炎或积聚液体的症状,通常是由于细菌或病毒感染所致。

你需要知道什么

- 有大约2/3的宝宝在2岁前会至少有一侧的耳朵会出现耳部感染。
- 在6个月~3岁之间,耳部感染最为常见。男孩比女孩患有耳部感染的频繁更高。
- 有耳部感染家族病史的宝宝更容易被感染。
- 感冒经常会引起耳咽管(连接着咽喉、鼻子和中耳空间)的肿胀和闭合,尤其是婴儿。婴儿的耳咽管较短,导致鼻子和咽喉与中耳空间更加容易连接起来。液体在中耳中积聚,引起疼痛而且有时会造成暂时性耳聋。
- 耳部感染在冬季和早春更加常见。

- 日托机构的人数和接触二手烟可能会增加风险。
- 宝宝平躺时吸奶瓶可能会增加耳部感染的风险。

必需品

- 体温计、婴儿扑热息痛或布洛芬、医生开的耳部滴剂、加热垫或热水瓶。

症状

- 感到寒冷而且发热。
- 鼻塞、流鼻涕。
- 耳部分泌物（可能是微带血色的或黄色的，在鼓膜上形成小孔，通常会自动愈合）。
- 易发怒。
- 不能入睡。
- 伴有听力丧失。
- 揉搓或拉扯耳部。
- 喂食物时会哭泣。
- 眼睛里有脓或从眼中流出分泌物。

寻求专业人士的帮助

- 宝宝的体温高于38.3℃。
- 宝宝拉扯或揉搓他的耳朵，而且还有其他症状（有些宝宝拉扯耳朵只是出于习惯）。
- 他的平衡能力有问题，或发展为明显的听力丧失。

- 宝宝耳朵的分泌物由黄色变为红色,这可能意味着他的耳膜已经破裂。

注意哪些情况

- 监测宝宝是否发热。

治疗方法

- 在宝宝的耳朵旁边放置加热垫或热水袋。
- 止痛的耳部滴剂可能在某些情况下有效。与医生确定是否可用。
- 即便医生已经减轻了宝宝的耳痛,还是要做更多的检查。如果疑似是细菌感染引起的感染,主治医生可能会开抗生素来消除感染。即使你宝宝的症状已经有所好转,也要继续使用一直到痊愈。
- 给宝宝食用婴儿扑热息痛或布洛芬——先与他的主治医生确定。
- 对于分泌物,主治医生可能会开抗菌的耳部滴剂。把瓶子温热;让宝宝平躺,头部转向一侧,感染的耳朵朝上;把耳垂向下,然后向后拉开。把耳部滴剂滴入耳道,让液体流入。
- 耳部感染清除后,让主治医生为宝宝检查是否出现了可能的并发症。顽固的液体以及潜在的听力问题都需要被密切关注。

湿疹（过敏性皮肤炎）

概述

一种遗传性的皮肤病，表现为干燥的、鳞甲状皮肤并且奇痒难耐。皮肤可能很粗糙，有时候也会是湿润的。湿疹可能在宝宝 1 个月大左右出现，然后在 2~3 岁之前好转。

你需要知道什么

- 引起湿疹的原因尚未明确。过于频繁的洗澡、过敏反应，或干热的环境都会引起湿疹的发作。
- 有湿疹的宝宝也更容易发生食物过敏、哮喘和过敏症。
- 湿疹在使用适合的洗液或乳霜后一般会消失。
- 婴儿湿疹一般出现在面部、肘部的弯曲部位以及膝盖窝里。
- 碰触到刺激物或过敏源后，这些部位可能会出现看起来相似的皮疹，被叫做接触性皮炎。接触性皮炎的治疗方法跟湿疹类似（局部使用乳霜），但是避开刺激物或过敏源也是很重要的。

必需品

不含香精的保湿霜、非处方的或处方的氢化可的松乳膏、温和的香皂、冷雾净化器或加湿器、宝宝指甲刀。

症状

- 粉色或红色皮疹。
- 奇痒难耐。
- 烦躁。
- 抓过之后,皮疹会渗出水状的物质,干了以后会更痒。

寻求专业人士的帮助

- 家庭治疗1周后宝宝的皮疹没有好转。
- 皮疹开始被感染

注意哪些情况

- 宝宝是不是接触过什么以前不曾接触过的东西或环境?或你最近是不是给宝宝尝试了新的食物?
- 洗澡后宝宝身上的皂液冲洗干净了吗?
- 其他的亲戚有过湿疹吗?

治疗方法

- 使用温和的香皂,降低洗澡的频率并缩短时间。洗澡后马上给宝宝涂抹不含香精的保湿霜。

- 要减轻宝宝的发痒，可以用氢化可的松乳膏或其他局部用的药品。
- 剪短宝宝的手指甲（详见第二章"皮肤护理"）来减少抓挠带来的感染。用冷雾净化器或加湿器保持空气中的湿度。确保定期清洁净化器或加湿器。
- 如果某种食物引起湿疹，不要再给宝宝食用，虽然如此，除非他的主治医生嘱咐，否则不要过度地改变他的饮食。
- 避免给宝宝穿着羊毛材质的衣服，或其他由刺激性的纤维制成的衣服。
- 如果湿疹情况严重，宝宝的主治医生可能会建议你使用非处方的或处方的口服止痒药。

扁头症（头颅畸形、体位性扁平颅、斜颈）

概述

宝宝的头盖骨后位或侧位（枕骨）出现扁平或畸形形态，可能包括整个头部后侧，或一侧比另一侧严重。

你需要知道什么

- 宝宝的头骨柔软而有韧性，这是为了出生后继续进行重要的大脑的生长。在出生前，子宫内狭小的空间可能会造成头盖骨生长不对称。颈部肌肉紧张（斜颈）可能会导致头骨歪斜或头部扭转时一侧比另一侧幅度大。

- 在1994年，专家开始建议宝宝平躺着睡觉，这有助于预防婴儿猝死（SIDS），从此以后扁头症的发病率急剧升高。宝宝在睡眠时采取仰卧的姿势是至关重要的，但是他们也应该在白天花一些时间进行趴卧（"肚子时光"），来促进颈部肌肉的发育并预防平头症。

- 头部倾斜是不会影响大脑的生长和发育的。

必需品

● 色彩丰富的玩具和床铃、头骨矫正帽。

症状

宝宝头部扁平的部分生长的头发可能不会像其他部分的头发那么多。从上面看下去，他的头部可能更像是菱形而不是方形。他的颈部肌肉可能较短，或一侧比另一侧肌肉紧一些。

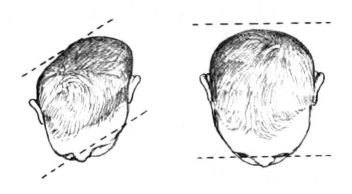

寻求专业人士的帮助

● 在最初的几个月之后，扁平的部位仍然没有任何好转，或尝试着向某一侧扭转宝宝的头部时他会哭泣且抗议。最好在4~6个月后进行检查。
● 头盖骨的合缝处有一条隆起或头骨不正常（又长又薄或者又平又宽）。这可能是很罕见的早期头盖骨融合的征兆，被称为颅缝早闭，需要手术治疗。

注意哪些情况

- 在宝宝清醒的时候,你和他有足够多的时间进行趴卧练习吗?
- 你有在宝宝周围放置各种各样的东西,并调整婴儿床的位置,鼓励他从不同的方向去看那些东西吗?

治疗方法

- 经常给宝宝变换姿势,而且确定要有"肚子时光"。美国儿科学会(AAP)建议开始的时候每天3~5分钟,然后逐渐增加他趴卧的时间,最后达到30分钟。
- 使用色彩鲜艳的玩具和床铃来鼓励宝宝向各个方向转动他的头部。
- 不要使用楔形物来固定宝宝的头部,他的头部可能会嵌入楔形物和床之间而引起窒息。
- 如果宝宝的颈部肌肉紧张,物理疗法能有助于松弛肌肉。在家里做任何尝试之前先带宝宝去见受过训练的专业人员。
- 在更加严重的情况下,主治医生可能会为他佩戴适合的模型装置或头盔(被称为头骨矫正帽),直到宝宝的头部恢复正常的形状。

食物过敏

概述

免疫系统对于原本无害的蛋白质食品产生的一种过大的反应。这种反应会在每次接触这种食物时出现。

你需要知道什么

- 孩子比成年人更容易食物过敏，3岁以下的孩子中有2%~8%会出现食物过敏。孩子的食物过敏情况会随着免疫系统的成熟而减少。食物过敏很可能是遗传因素所致。
- 过敏症与不耐受、敏感或食物中毒是不同的。
- 牛奶、鸡蛋和花生是最常见的会引起婴儿和儿童过敏的食物。黄豆和小麦是仅次于这些的常见致敏食物。
- 母乳喂养的妈妈是否会在自己食用后把有过敏风险的食物传递给宝宝还尚未明确。如果在你食用了某种食物后宝宝出现过敏反应，要避免再次食用该种食物。

- 推迟给宝宝吃辅食会有助于避免出现食物过敏和过敏性体质,比如湿疹和哮喘。如果宝宝的消化道尚未成熟,固体食物中大量的蛋白质有时可能会直达小肠才被吸收。发生这种情况时,他的免疫系统会开始发挥作用而产生抗体,从而产生过敏反应。
- 如果你的家庭有过敏史,要等到宝宝足够大的时候再开始尝试可能会导致过敏的食物。

必需品

- 肾上腺素(肾上腺素笔)。

症状

症状可能会有从轻度到重度的不同,并且可能会扩散到肠胃、外皮(皮肤)以及呼吸系统。

- 肠胃的不适
  - ——呕吐
  - ——腹部绞痛
  - ——腹泻
- 外皮(皮肤)的不适
  - ——湿疹
  - ——荨麻疹
- 呼吸的不适
  - ——打喷嚏
  - ——哮喘
- 过敏反应(很少见但是会危及生命):舌头和咽喉的肿胀,呼吸困难

（可能包含哮喘），皮肤发青，血压下降以及脉细，失去意识（更多内容详见本章"过敏反应"）。

寻求专业人士的帮助

- 你认为这种反应可能是过敏反应，立即拨打 120 急救电话。
- 要找出导致过敏的食物，并了解以后如何避免发生过敏反应。

注意哪些情况

- 尝试新的食物后宝宝有什么反应？

治疗方法

- 每次只添加一种固体食物。添加新的食物后至少观察 2~4 天，以确定这种食物没有引起过敏反应。如果你有过敏的家族遗传史，添加一种食物后要观察整整 1 周后方可再次添加。尽量不要给宝宝吃杂烩、汤类或综合谷物米粉，因为如果这些食物引起过敏反应的话，你无法确切地知道是哪种食物的问题。
- 如果某种食物引起了过敏反应，避免再次食用。当你的宝宝长大后可以再次尝试极少量的该食物，但是一定要在医生的指导下进行。你也可以通过血液或皮肤测试来进行过敏评估，在宝宝满 12 个月后进行皮肤测试会更有帮助。
- 宝宝的主治医生会建议使用肾上腺素注射装置（肾上腺素笔），并教你在食物过敏症的情况下使用它。
- 你的宝宝可能需要佩戴医疗鉴定手环。

胃食管反流（GER）以及胃食管反流症（GERD）

概述

胃食管反流（GER）是指胃部的食物返回了食管或胃食管中。这种情况的出现是由于食管和胃部连接处的肌肉（称为括约肌）在不恰当的时间松弛或过于薄弱导致的。胃食管反流症（GERD）则是胃食管反流时引起的症状或并发症。

你需要知道什么

- 有胃食管反流症状的宝宝会经常吐奶（这也导致很多人称他们为"快乐的呕吐者"）。这是非常常见的情况，因为宝宝的括约肌通常都未发育成熟。这种呕吐发生的最高峰是在宝宝第4个月左右，而且通常会在他第7个月左右的时候停止——最多持续到1岁的时候。如果食物变得浓稠或是在喂食后让他们保持上身直立，易胃食管反流宝宝的呕吐情况就会有所减少。大多数胃食管反流状况会随着宝宝长大而停止，而且不会造成任何问题。

- 早产儿和有胃食管反流症家族史的宝宝,出现这种病症的风险较高。

必需品

- 宝宝背巾可以帮助宝宝保持上身直立。在使用任何装置前都要与宝宝的主治医生商谈。主治医生可能会建议用米粉来增稠宝宝的配方奶。

症状

- 胃食管反流

　　——呕吐

- 胃食管反流症

　　——呕吐,可能有疼痛或用力

　　——咳嗽

　　——体重增长缓慢

　　——腹部或胸部以下疼痛

　　——吞咽困难或疼痛

　　——胃灼热(食道炎)

　　——呼吸问题

　　——易怒

　　——背部拱起

寻求专业人士的帮助

- 宝宝吐出绿色或黄色的物质,或血液。

- 非常地暴躁。

- 几乎在每次喂食后都会有严重而频繁的呕吐。宝宝的主治医生可能需要检查他是否有幽门狭窄（幽门的收缩，在胃部通往小肠的开口处）。

注意哪些情况

- 如果宝宝出现胃食管反流或胃食管反流症的症状，要让他的主治医生检查。大多数时候，医疗专业人士能够通过仔细查看症状发展的过程，诊断出是胃食管反流或是胃食管反流症，并彻底为宝宝检查以排除其他可能的问题。在严重的情况下，医生可能会进一步做其他的诊断测试来为宝宝检查。
- 一些对牛奶或黄豆过敏的孩子，可能出现类似胃食管反流或胃食管反流症的症状。如果宝宝食用了以牛奶或黄豆为原料的配方奶，他的主治医生可能会建议他食用低敏感性的（水解蛋白）配方奶。

治疗方法

- 如果你的宝宝是母乳喂养，继续给他哺乳。比起配方奶喂养的宝宝，大多数母乳喂养的宝宝不容易出现呕吐。
- 如果你的宝宝食用配方奶，加入大米米粉来增加配方奶的粘稠度，可能会有助于缓解胃食管反流或胃食管反流症的症状。要提前与他的主治医生进行商榷。
- 在吃饭之后要让宝宝上身直立，保持至少30分钟，这通常会有助于缓解胃食管反流或胃食管反流症的症状。你也可以尝试垫高他的枕头，或者在床垫下头部的位置放置折叠的毛毯或浴巾。不要让宝宝趴卧睡觉——这种姿势会增加婴儿猝死的可能（SIDS）并增加宝宝腹部的压力。
- 不建议使用把宝宝放进汽车座椅来保持上身直立的方法。"弯曲的"

位置会增加宝宝腹部的压力，并可能加重胃食管反流或胃食管反流症的症状。

- 不要让宝宝吃得过饱。经常为他拍嗝，气体就不会对腹部造成压力。尿布和衣服在腹部的位置要宽松。
- 宝宝的主治医生可能会开酸抑制剂的处方药物，其中含有组胺H2受体拮抗剂或质子泵抑制剂。
- 胃食管反流或胃食管反流症进行手术治疗是有争议的，而且极少有这样的需要，除非情况非常严重。

听力丧失

概述

由于先天性缺陷、生病或受伤导致的部分或完全的听力丧失。听力丧失有 2 种主要类型。传导性听力丧失是由外耳或中耳的问题引起的,而且通常可以通过药物或外科手术治愈。感觉神经的丧失(神经性耳聋)是由于内耳的问题或是内耳和大脑之间神经的问题引起的,而且通常是永久的,使用助听器也许会有帮助。

你需要知道什么

- 突然的听力丧失一般是暂时的,而且可能是由于异物、感染或耳屎阻挡了鼓膜。(经常在洗澡的时候让宝宝的耳内流入一点水可以防止积聚过多的耳屎。)
- 如果你的家族中有耳聋史,你的宝宝患有感觉神经性听力丧失的风险会更高。
- 宝宝要有能力听到,才能理解大人说出的话语,然后发出清晰的声音。

因此，为了让孩子有正常的语言发育，察觉听力的问题是很重要的。
- 由于感冒或中耳空间液体积聚并引起过敏时，会导致轻度的听力丧失，这是比较常见的。通常是暂时性的。

必需品

无。

症状

出生～3个月
- 你可以通过碰触叫醒宝宝，但是发出声音无法叫醒他。
- 跟他说话时宝宝不会微笑回应。
- 不会被极大的噪音惊吓到。
- 哭闹的时候不会因为大人安抚的声音而安静下来。

4~6个月
- 不会转向在视平线附近发生的声音。
- 只能依赖大人的拥抱才能得到安抚。
- 对音乐没有反应。
- 对牙牙或对声音的模仿没有兴趣。
- 不会停下自己的玩耍去倾听说话的声音、脚步声或玩具发出的声音。

7~12个月
- 不会把头转向声音的来源。
- 对他说话时没有回应。

- 电话铃或门铃响时察觉不到。
- 听不到走路的脚步声，所以有人走到身边时会显得被吓了一跳。

寻求专业人士的帮助

- 你的宝宝有上述的任何症状。
- 你有怀疑宝宝出现听力问题的任何理由。

注意哪些情况

- 宝宝离开医院和生育中心的时候接受过新生儿听力筛查吗？如果有，结果是什么？
- 你尝试过对宝宝进行惊吓反射吗（详见第一章"1岁之内婴儿的条件反射"）？
- 你在宝宝附近挤压吱吱叫的玩具时他有反应吗？
- 如果你对宝宝的听力有任何顾虑，让他的主治医生安排听力专家进行正规的听力检测。

治疗方案

让宝宝的主治医生来：

- 治疗所有导致耳部感染或其他可能导致听力丧失的症状。
- 清除宝宝耳中的异物——不要自己清除。
- 在下次体检时清除宝宝耳中积累的耳屎；不要在宝宝的耳朵里插入物品——即使是一根棉签。
- 如果怀疑是永久性的听力问题的话，让听力专家进行正规的听力评估测试，以便准确地评估听力丧失程度并决定宝宝是否需要助听器。

痱子 / 晒斑

概述

痱子，也被称为热痱子，是粟粒疹的俗称，是在皮肤的褶皱处出现的很小的红色凸起，多见于脖子和胸背部。晒斑是红色的、有疼痛感的，而且摸起来感觉很热。

你需要知道什么

- 痱子是非常常见的，而且只会带来很轻微的不适。最容易在夏季潮湿的时候出现，几个小时或几天后就会好转。
- 痱子是由汗腺的毛孔堵塞而引起的。
- 绝对不要把宝宝单独留在车辆中，尤其是封闭的车辆。
- 要预防晒伤，给宝宝穿着天然材料制成的长袖衣服，戴上帽子，再涂抹不含有对氨基苯甲酸的防晒霜（防晒系数至少为15倍）。中午的太阳光线最强，因此尽量不要让宝宝在上午11点到下午3点之间暴露在阳光下。

- 严重的晒伤会导致中暑，是一种更严重的情况。详见下文。

必需品

- 凉水浴所需的用品、体温计。

症状

- 在皮肤的褶皱处出现的很小的红色凸起，最常出现在脸颊、脖子、肩膀以及尿布区域。
- 热，皮肤发红。
- 有脱水征兆，包括尿量减少或泪液缺失，嘴唇和口腔干燥，双眼和囟门凹陷，嗜睡。

寻求专业人士的帮助

- 小凸起上出现水疱。
- 宝宝受热后开始发热。
- 他有晒伤而且出现水疱。

注意哪些情况

- 洗衣机彻底地漂净他的衣服了吗？有些洗涤剂和漂白剂的残留会加重痱子的情况。
- 宝宝是不是衣服穿多了？过多的衣物也可能会引起痱子。
- 有什么油腻的护肤品阻碍了他的毛孔吗？
- 他发热吗？晒伤时出现发热可能是中暑的征兆。

治疗方法

- 马上把宝宝带去凉快的地方。
- 让宝宝的皮肤尽可能地保持凉爽和干燥。
- 频繁地进行凉水浴或海绵擦澡来帮助扩张毛孔。给他扇扇子也可能会有帮助。
- 尽量给他少穿衣服,而且要确保衣服是由天然材料制成的。可能的话,让他待在有空调的环境中。

中暑

概述

是当人过度受热后出现的一种危及生命的情况,是由于外部受热,而不是内部受热(发热)导致的。宝宝长时间待在高温的地方可能会中暑,比如海滩或密封的车辆内。

你需要知道什么

- 中暑是一种医疗紧急情况。如果你怀疑宝宝中暑,立即拨打120急救电话。
- 绝对不要把宝宝留在车辆内,尤其不要留在密封的车辆内。
- 预防晒伤(可能会引起中暑),给宝宝穿着天然材料制成的长袖衣服,戴上帽子,再涂抹不含有对氨基苯甲酸的防晒霜(防晒系数至少为15倍)。中午的太阳光线最强,因此尽量不要让宝宝在上午11点到下午3点之间暴露在阳光下。

必需品

- 凉水浴所需的用品、体温计。

症状

- 高热。
- 发热的、红色的、干燥的皮肤。
- 急促的脉搏。
- 躁动。
- 眩晕。
- 呕吐。
- 急促而短促的呼吸。
- 失去意识。
- 有脱水的征兆,包括尿量减少,泪液缺失,嘴唇和口腔干燥,双眼和卤门凹陷,嗜睡。

寻求专业人士的帮助

- 宝宝受热后开始发热。
- 他有晒伤而且出现水疱。

注意哪些情况

- 他发热了吗?
- 他嗜睡吗?
- 他看起来脱水了吗?

治疗方法

- 立刻拨打120急救电话。
- 马上把宝宝带去凉快的地方。
- 让宝宝的皮肤尽可能地保持凉爽和干燥。
- 频繁地进行凉水浴或海绵擦澡来帮助扩张毛孔。给他扇扇子可能也会有帮助。
- 尽量给他少穿衣服,而且要确保衣服是由天然材料制成。可能的话,让他待在有空调的环境中。

脓包病

概述

一种细菌感染的皮肤传染病，常发病于鼻子、嘴巴、眼睛和耳朵周围。

你需要知道什么

- 脓包病能够迅速地从身体的这部分扩散到其他部分，在人与人接触的时候也会传染。
- 虽然并不严重，但是脓包病必须要彻底根治。

必需品

- 香皂和水、敷布、处方的或非处方的抗生素药膏或乳霜、宝宝指甲刀。

症状

- 皮肤上的淡黄色鼓包或痂，一般是成群出现，有蜂蜜色的液体或硬壳。
- 可能是水疱。

寻求专业人士的帮助

- 感染区域开始扩散,或者在家庭治疗 5 天后仍未有起色。
- 宝宝的尿液变为红或浅棕色——一种非常罕见的肾脏并发症的症状。

注意哪些情况

- 因为脓包病是传染性的,要检查其他家庭成员是否有感染的迹象。
- 确保每个家庭成员都使用自己的浴巾和毛巾。

治疗方法

- 用香皂和水轻柔地清洗脓包,然后把一块敷布盖在发病部位 10 分钟。
- 当外壳变软后,除去外壳和脓汁。
- 每天 3 次在脓包上涂抹非处方的抗生素药膏或乳霜。每天处理 3~4 次,直到所有的脓包都没有硬壳。宝宝的主治医生会指定抗生素药膏或乳霜。
- 剪短宝宝的指甲以防止抓挠,避免感染扩散。
- 在严重的情况下,你宝宝的主治医生可能会开处方药中的口服抗生素。

流行性感冒（流感）

概述

这是一种病毒性呼吸道疾病，可能同时影响上呼吸道（鼻子和咽喉）和下呼吸道（支气管和肺部）。比一般的感冒更加严重，而且几乎每个孩子都偶尔会受到感染。

你需要知道什么

- 症状可能包括恶心、呕吐和腹部疼痛。但是，流行性感冒不能与肠胃炎混为一谈，后者有时也被称为"肠胃性流感"，主要的症状为呕吐和腹泻。
- 流行性感冒有极高的传染性，咳嗽和打喷嚏时产生的飞沫会在空气中传播病毒，不但如此，触摸到被污染的表面或物体时也会受到传染。在冬季和早春季节最为常见。
- 流行性感冒有不同的类型，A型和B型代表了大部分的流感类型。禽流感和猪流感或甲型H1N1流感病毒都指的是A型和B型两大类别中的流行性感冒。

必需品

- 如果宝宝感觉到疼痛或不舒服,出现高热,可服用儿童扑热息痛或布洛芬来退烧(6个月以下的宝宝不能服用布洛芬)。关于剂量的内容详见本章"宝宝的健康体检和疫苗接种"。

症状

- 高热 39.4℃~40.6℃。
- 发冷并出汗。
- 精神不振。
- 干咳。
- 流鼻涕或鼻塞。
- 可能伴有耳部感染、格鲁布性喉头炎、毛细支气管炎和肺炎。

寻求专业人士的帮助

- 你怀疑宝宝是流行性感冒。在生病早期就要联系宝宝的主治医生,因为医生开的抗病毒药物可以缩短生病的时间并且有助于预防传染给其他人。
- 你的宝宝本身就有健康问题,例如心脏病或肺病、免疫系统薄弱或恶性肿瘤。流行性感冒引起染重并发症的风险也会升高。
- 继发性感染的征兆包括耳部疼痛、持续的咳嗽或咳嗽有痰或呼吸时有刺痛感。你的主治医生可能会给宝宝开抗生素。

注意哪些情况

注意警惕宝宝的呼吸困难或肤色发青。如果出现其中一种情况,拨打 120 急救电话。

治疗方法

鼓励摄入足够的水分并关注脱水的征兆,包括尿量的减少,泪液的减少或丧失,嘴唇和口腔干燥,双眼和囟门凹陷以及嗜睡。当宝宝 6 个月大后,他可以接种流感疫苗。更多内容详见同上。

昆虫等动物或人类的咬伤

概述

被叮咬或被刺后留在皮肤上的印记或伤口。

你需要知道什么

- 不要给 2 个月以下的宝宝使用含有驱蚊胺（二乙基甲苯酰胺）的防昆虫叮咬液。可以给宝宝穿着长袖的衣裤，尽可能遮盖住他的皮肤。如果给孩子使用了含有驱蚊胺的驱虫剂，要选择驱蚊胺的含量低于 30% 的，每天最多使用 1 次，可在衣服上使用并少量的用在皮肤上，而且不能在孩子的双手或者鼻子、眼睛和嘴巴的周围使用。不要喷洒在有划伤、伤口或受到感染的皮肤上。回到室内后要清洗喷洒过驱虫剂的皮肤和衣物。避免在室内或靠近食物的地方喷洒驱蚊胺。如果你想要使用不含驱蚊胺的防昆虫叮咬液，可以选择用桉树油或豆油制成的产品；另一个选择就是向医生询问含有哌啶羧酸异丁酯的驱虫剂。很遗憾，所有的驱虫剂都只能防止一般的会叮咬的昆虫，但是却无法防止会蛰伤的昆虫（蜜蜂、大黄蜂以及马蜂）。
- 大多数的动物咬伤都是被自己家或邻居家的宠物咬伤的。当宝宝和动物共处一室时要随时警惕。关注宠物是否有任何的攻击性或防御性的行为。
- 人类的咬伤比动物的咬伤更容易导致感染。
- 较深的咬伤伤口可能需要缝合。
- 昆虫叮咬一般只会引起轻微的局部反应；虽然如此，但是在极为少见的情况下也会引起严重的过敏反应，例如过敏性反应。（详见本章"过敏反应"）。
- 香皂容易吸引昆虫。

必需品

- 肥皂和水、毛巾、为过敏体质的婴儿准备蜂蜇工具包、炉甘石液、宝宝指甲刀。

症状

昆虫叮咬伤口的症状包括：
- 被咬的地方流出脓汁或污浊的液体。
- 被咬的地方周围有肿胀、压痛感和灼热感。
- 感染部位出现向外发散的红色条痕。
- 被咬区域的皮脂腺肿胀。

寻求专业人士的帮助

- 宝宝的面部、双手、双脚或生殖器被叮咬。

- 咬伤面积较大。
- 出现很深的穿刺伤口，尤其是咬到了骨头、肌肉或关节。
- 如果怀疑是携带狂犬病的动物咬伤了宝宝，尝试抓到这只动物并进行狂犬病检测。最容易传播狂犬病的野生动物是蝙蝠、臭鼬、浣熊、土狼和狐狸。已经注射过狂犬病疫苗的家养的猫和狗，可以认为是安全的。
- 伤口看似被感染或极其肿胀。
- 昆虫叮咬后宝宝出现呼吸困难。（详见本章"过敏反应"）
- 他感觉非常痒或出现荨麻疹。

注意哪些情况

宝宝被叮咬后要留意他的状况，并且观察是否出现感染或呼吸困难的征兆。确保按时接种破伤风和乙型肝炎疫苗。

治疗方法

- 止血时要在伤口处用力按压5分钟。
- 用香皂和水清洁伤口。
- 使用炉甘石液来缓解昆虫叮咬。
- 如果是被蜜蜂或大黄蜂的刺蛰伤，用凉的、潮湿的毛巾压在伤口上来消肿。如果你能看见刺，尝试着用手指甲轻柔地把它去除。
- 剪短宝宝的指甲防止抓挠。

脑膜炎

概述

由于细菌或病毒侵犯和感染包裹大脑和髓质的薄膜而引起的一种罕见的、严重的疾病。

你需要知道什么

- 医疗专业人士应该可以尽快确诊并治疗脑膜炎。
- 良好的卫生习惯，比如勤洗手，有助于预防脑膜炎的传播。
- 接种疫苗有助于预防最严重的脑膜炎病情。

必需品

- 体温计。

症状

- 中度到高度的发热。

- 呕吐。
- 食欲减退。
- 极度的无精打采或烦躁，或极度嗜睡。
- 脖子僵硬（有的宝宝没有这种症状）。
- 有时身体会出现紫色斑块。
- 头部的囟门区域凸出。
- 痉挛。

寻求专业人士的帮助

- 宝宝未满 2 个月而且发热。
- 宝宝出现脑膜炎的症状。单一的症状并不能确诊，要注意是否出现多个上述的症状。
- 你无法确定宝宝是否出现脑膜炎的症状。

注意哪些情况

宝宝是否接触过得了脑膜炎的孩子？脑膜炎可以像感冒病毒一样传播，但是它也可以通过接触传染性粪便而传播，例如在外面的尿布台换尿布的时候。

治疗方法

脑膜炎是一种非常严重的疾病，通常需要接受医疗护理。如果你怀疑宝宝有脑膜炎，应立即去见他的主治医生。

- 确诊时需要进行脊髓穿刺，也需要进行血液测试。

- 住院治疗以及静脉内的（IV）抗生素，再加上及早确诊，通常是可以痊愈的。

红眼病（结膜炎）

概述

一种在结膜或眼睑内侧产生的刺激或感染。

你需要知道什么

- 急性传染性结膜炎只是引起红眼病和流脓的一个原因。其他的因素包括：过敏、感冒、游泳、灰尘和眼部受伤。
- 宝宝泪腺阻塞的话也可能会更加容易受到眼部感染。如果你的宝宝眼部流脓或睫毛粘连，要让他的主治医生来决定是否需要使用抗生素。
- 耳部感染通常会伴有结膜炎。
- 受到感染为急性传染性结膜炎时，眼睛会流脓，而且会充血并带有红色。
- 急性传染性结膜炎有极高的传染性。

必需品

- 处方抗生素、棉球。

症状

- 眼睛发红。
- 眼部流脓,睡眠后流脓的量更多。
- 眼皮肿胀。

寻求专业人士的帮助

- 宝宝的眼睛疼痛或肿胀,而且你无法确定原因。
- 宝宝眼部发炎或流脓的情况反复发生。
- 怀疑出现耳部感染。

注意哪些情况

- 宝宝接触过患有急性传染性结膜炎的人吗?
- 出生后他一只眼睛或双眼的眼泪有增加吗?

治疗方法

- 一些急性传染性结膜炎的情况需要使用处方类抗生素眼部滴剂,你可以从医生那里拿到。
- 在清洁的水中浸湿棉球,擦干净宝宝眼中的分泌物。擦过一次眼睛的棉球就要丢弃。
- 频繁地为宝宝洗手,而且接触过患有急性传染性结膜炎的人后也要洗干净你的双手。
- 保护家里的其他人，宝宝的毛巾和浴巾要与其他衣物分开放置。
- 不要让宝宝揉搓眼睛。

肺炎

概述

一种肺部感染，通常是由病毒引起的，有时也是由细菌引起的。

你需要知道什么

- 肺炎有不同的致病原因，而且病情的严重程度也有极大的差别。
- 有些形式的肺炎是传染性的，其他的则不是。
- 肺炎最常见的病因就是感冒病毒扩散到肺部而引起的。
- 多发于秋季、冬季和早春季节。
- 天气冷的时候出去不会引起肺炎。
- 当免疫系统薄弱或本身就有肺部异常时，更容易引起肺炎。

必需品

- 体温计、处方类抗生素（有些肺炎适用）、婴儿扑热息痛或布洛芬。

症状

- 咳嗽。
- 发热同时出汗或发冷。
- 伴有胃部或胸部疼痛。
- 快速或短促地呼吸,可能伴有鼻孔翕张或哮喘。
- 肋骨下面和锁骨上面中间的呼吸肌有"吸入"表现。
- 食欲减退。
- 可能会呕吐。
- 嘴唇或指甲带有蓝色可能就暗示着血液中含氧量减少了。

寻求专业人士的帮助

你怀疑宝宝得了肺炎。他的主治医生会确诊感染的原因并确定治疗方案,可能会使用抗生素。主治医生可能会给宝宝的胸部进行 X 光检查来明确诊断。如果宝宝病情严重,他可能需要住院治疗。

注意哪些情况

- 宝宝有呼吸困难吗?他发热了吗?

治疗方法

- 如果主治医生确诊宝宝为肺炎,他可能会给宝宝用抗生素治疗。
- 休息是很重要的,要确定宝宝有充分的休息。
- 不要使用止咳的药。咳嗽有助于转移和清除肺部产生的分泌物。
- 如果宝宝发热了,给他服用婴儿扑热息痛或布洛芬(有关剂量的内容详见第279~280页)。如果持续发热,联系他的主治医生。

中毒

描述

吞咽、吸入或皮肤接触到某些药品、清洁产品、石油基的产品，或其他可能引起中毒的有毒物质。所有的中毒事件中有半数是发生在 6 岁以下的孩子身上的。

你需要知道什么

- 药品、清洁剂、家养植物和其他的公用物品都是引起中毒的主要原因。（详见第四章"在家里安装儿童安全防护设施"）
- 安全地存放药品可以预防中毒，但是要防止紧急情况的发生。

必需品

- 水或牛奶，在医生的指导下使用。

症状

- 腹部疼痛、腹部绞痛和腹泻。
- 眩晕并失去意识。
- 抽搐或痉挛。
- 窒息或呼吸困难。
- 意识混乱并困倦。
- 恶心、呕吐并咳血。
- 行为有变化。
- 出疹子或烧伤，尤其是在嘴唇或口腔。
- 过多的流口水或呼吸时有奇怪的气味。
- 咽喉疼痛。
- 衣服上出现不明原因的污渍。

寻求专业人士的帮助

你怀疑宝宝已经吞咽，或是把有毒物质放进了嘴里。

注意哪些情况

- 任何药品、清洁剂或其他有害物质被打开，或有缺失吗？如果你发现宝宝旁边有空的或是打开的有害物质的容器，可以怀疑宝宝中毒了。
- 你家里使用过含铅油漆吗？含铅油漆的碎屑如果被宝宝吞咽有可能引起中毒。（详见同上）

治疗方法

- 有毒物质要远离宝宝放置。如果他嘴里有这种物质,尝试着帮他吐出来,或者试着用你的手指弄出来。
- 立即拨打120急救电话。要提供你的名字和电话号码、宝宝的名字、年龄和体重、有毒物质的名称以及你认为吞咽的时间。
- 不要引导宝宝呕吐,除非医生要求你这么做。
- 如果有毒物质在宝宝的皮肤上,脱掉衣服用温水冲洗皮肤。
- 如果有毒物质在宝宝的眼睛里,把他的眼皮拉开,然后从他的内眼角缓慢稳定地倒入温水冲洗。
- 如果宝宝接触到有毒的气体,马上把他带进新鲜的空气中,然后拨打120。
- 把这种物质的容器以及呕吐物的样品与宝宝一起带进急救室。确保这两种东西都远离他放置。

玫瑰疹

概述

由被称为人类疱疹病毒 6 型（HHV-6）的病毒引起的发热且随后会出现皮疹的症状。

你需要知道什么

- 在 6~12 个月大的宝宝中，发生玫瑰疹是很常见的。
- 没有预防措施和征兆，但它会自行消失。
- 玫瑰急疹一般在 3~7 天的中度或高度发热后出现。
- 当皮疹在第一次出现的 1~2 天后消失时，宝宝的状态一般都很好。到那个时候，他应该就不会再传染了。

必需品

- 体温计、婴儿扑热息痛或布洛芬、冷水浴所需的东西。

症状

- 高热温度达到39.4~40.6℃。极少数的情况下，高热时会发生惊厥。
- 食欲减退。
- 脾气有点暴躁或越来越嗜睡。
- 轻微的咳嗽、流鼻涕或可能出现腹泻。
- 皮疹大部分出现在躯干、上臂和脖子上。
- 退热后出现皮疹。

寻求专业人士的帮助

- 皮疹看起来特别严重。
- 玫瑰疹出现时伴有咳嗽、呕吐或腹泻。
- 没有任何征兆的低热超过4天。

注意哪些情况

任何高热的状况都需要严密的观察。玫瑰疹只有在皮疹出现时才能发现。如果皮疹没有消退，可能是出现了其他导致发热的因素以及并发症。

治疗方法

- 先治疗宝宝的发热。为宝宝穿轻便的衣服。
- 严密地观察宝宝是否出现其他症状。
- 如果宝宝愿意走动的话，要允许他有适度的运动。

婴儿猝死综合征（婴儿猝死或摇篮死）

概述

在睡眠中由于未知的原因让看起来正常健康的宝宝突然死亡。

你需要知道什么

婴儿猝死一般发生在宝宝 2~4 个月之间。

- 男婴比女婴更容易发生婴儿猝死。早产婴儿、低体重出生的婴儿、多胞胎、有婴儿猝死家族病史的婴儿，以及那些母亲吸烟的婴儿都有婴儿猝死的风险。母乳喂养的婴儿不易发生婴儿猝死。

- 为了降低婴儿猝死的发生率，美国儿科学会（AAP）建议宝宝睡觉时要尽量平躺。研究表明，宝宝睡觉时完全平躺可以降低婴儿猝死导致死亡的发生。

- 大约有 1/5 的婴儿猝死导致的死亡是发生在白天。要叮嘱照顾孩子的人——包括保姆让宝宝睡觉时保持平躺。那些以"奇怪的姿势"趴着睡觉的宝宝发生婴儿猝死的概率会增加 18 倍。

- 尚未确定用襁褓包裹婴儿是否会影响婴儿猝死的发生率。有些人认为这有助于预防婴儿猝死的发生，因为可以保持宝宝平躺的睡眠姿势；但是其他人觉得这样会增加风险，因为如果不习惯的话，襁褓包裹的宝宝不容易被叫醒。如果你的宝宝从小就是襁褓包裹着，而且他还不会尝试着翻身，这样可能就比较安全。
- 一旦宝宝学会了从仰卧到俯卧姿势的连续翻滚，让他以趴卧姿势睡觉也是可以的。
- 安抚奶嘴可以降低婴儿猝死的发生概率。但是要在完全建立母乳喂养的基础上再开始尝试使用安抚奶嘴。

必需品

睡觉的地方表面要坚固，满足安全指南的要求，并且没有厚毯子、毛绒玩具、枕头等。婴儿床要通过安全检测而且床垫要大小合适。尽量不要使用毯子，而且绝对不能覆盖宝宝的头部。如果你要使用毯子，一定要轻薄而且四周都在婴儿床垫的下面塞进一半。让宝宝跟你在同一个房间且睡在合并床里，可以降低发生婴儿猝死的概率，但是让宝宝与你睡同一张床反而会增加这样的风险。关于什么样的地方能让宝宝睡觉最安全的相关内容，详见第二章中睡眠的部分。

症状

无。

寻求专业人士的帮助

- 你的宝宝睡眠时呼吸暂停——呼吸停止的时间达到20秒甚至更久。

- 宝宝在睡眠时脸色开始发青。

注意哪些情况

- 宝宝的床垫很软吗？柔软的床垫和被褥可能会增加猝死的风险。
- 宝宝睡觉的区域温度较高吗？要确保宝宝睡觉的温度是你感觉穿着轻便的衣服睡觉时很舒适的温度。如果宝宝脸颊出汗，有痱子或呼吸急促，室内温度可能就太高了。

治疗方法

无。猝死婴儿的父母应该联系身边的健康护理医生来寻求协助。

出牙

概述

牙齿的露头和萌出会引起牙床敏感,通常还伴有流口水。

你需要知道什么

- 不是所有的宝宝都在同一时间出牙(详见本章第一小节·牙齿的护理)。你的宝宝长牙的进度也会与其他的孩子完全不同。
- 宝宝睡觉的时候绝对不能含着奶瓶或任何含糖的液体。如果一直让牙齿这样被浸泡,会增加龋齿的风险。

必需品

- 体温计、婴儿扑热息痛或布洛芬、磨牙的东西(圆环、安抚奶嘴、饼干和玩具)、布包裹着的冰块。

症状

- 难以取悦。
- 流口水。
- 啃咬指头或其他东西。
- 哭泣。
- 低热,通常在37.8℃以下。
- 牙龈敏感、肿胀。
- 易怒。
- 便溏时也可能会伴有出牙。

寻求专业人士的帮助

有生病的征兆,如呕吐,同时伴有出牙的表现。出牙不应该出现高热,如果宝宝发高热,要考虑其他的原因,必要的话联系宝宝的主治医生来确诊和治疗。

查看什么情况

考虑引起宝宝这些症状的其他原因——饥饿、口渴、无聊、耳部感染,或是想要引起关注。

治疗方法

- 想要缓解宝宝出牙的不舒服也没有太多的方法,但是用干净的手指摩擦他的牙龈可能会有些帮助。怀抱和亲吻也比其他方法有效。
- 如果你的宝宝已经完全断奶然后出现了长牙的痛苦,他可能会想要被哺乳或使用奶瓶而不是杯子。当他痛苦的时候不要拒绝去安慰他。当他感觉好一些后,你可以重新开始断奶。

- 要缓解牙龈的疼痛,你可以给他服用婴儿扑热息痛或布洛芬。
- 给宝宝啃咬磨牙的圆环、安抚奶嘴、饼干和玩具(关于磨牙玩具的选择详见第五章)。有些出牙的宝宝喜欢啃咬用布包裹的冰块。如果你选择这样做,在宝宝啃咬冰块的时候要严密地看护他,以避免发生窒息的危险。
- 不要给宝宝使用声称可以缓解牙疼的药物,这些药物的效果可能还未通过检验。用来摩擦宝宝牙龈的药物,如果使用过度的话可能会造成咽喉后侧的麻木,从而可能会影响宝宝正常的呕吐反射。
- 一旦牙齿萌出,使用柔软的婴儿尺寸的牙刷或是纱布为宝宝清洁牙齿。

鹅口疮

概述

念珠菌属真菌（酵母菌）引起的口腔和舌头的感染。

你需要知道什么

- 鹅口疮的唯一症状就是在口腔和舌头部位出现白色的斑点。
- 有些宝宝可能会变得挑剔或难以喂食，虽然这并不常见。
- 鹅口疮在6个月以下的婴儿中较为常见，这时他们的免疫系统还未发育成熟。

必需品

- 医生指定的药物，通常是口服的抗真菌的药物。

症状

- 白色的、油脂状的斑块出现在脸颊内侧、嘴唇内部或是舌头上。

- 虽然看起来很像是干了的奶渍，但是这种斑块是擦不掉的。

寻求专业人士的帮助

你的宝宝出现鹅口疮或你怀疑他长了——但是鹅口疮不是儿科急症。

注意哪些情况

宝宝的口腔内部有水疱吗？如果有，他可能有其他的问题。

治疗方法

- 如果宝宝的主治医生有指定药物，按照医嘱在斑块上用药。
- 如果宝宝患了鹅口疮，喂奶时你需要在乳头上涂抹医生开出的处方药膏（详见第三章"母乳喂养的基本知识"）。如果你给宝宝吃奶瓶，所有的奶嘴都要消毒以防止再次感染。
- 如果宝宝使用安抚奶嘴，在治疗鹅口疮时要用热水每天彻底清洗。

尿路感染（UTI）

概述

泌尿系统的感染可能会导致很多其他问题，或者作为其他疾病的伴生症状出现。尿路感染有 2 个主要的类型：感染的部位包括肾脏的肾盂肾炎，以及感染的部位包括膀胱的膀胱炎。婴儿通常会患有肾盂肾炎。

你需要知道什么

- 尿路感染可能不易被察觉和治疗，尤其是婴儿。发热可能是唯一的症状。
- 男婴和女婴都可能会有尿路感染。长大后，女孩更容易有患病的风险。
- 如果出现毫无征兆的高热，医护人员应该会检查尿路感染。

必需品

- 体温计、婴儿扑热息痛或布洛芬、清洁的水。

症状

- 频繁的、有痛感的或有血的尿液。
- 尿液恶臭。
- 出现腹部或背部疼痛。
- 发热。
- 恶心。
- 可能呕吐。

寻求专业人士的帮助

有膀胱或肾脏问题的家族遗传病史,要告诉宝宝的主治医生。

治疗方法

- 在看过宝宝的主治医生后,给宝宝服用婴儿扑热息痛或布洛芬来缓解疼痛,并给他多喝水来持续地清洗代谢系统。
- 宝宝的主治医生可能会采集尿液样本来确定是否有感染。他可能会使用导尿管(一个小管子)通过尿道插入膀胱来获得样本作为培养基。如果宝宝有细菌性尿路感染,进一步的检查可以确定所有的潜在原因。如果确定是细菌感染,主治医生会指定某种抗生素。对于小婴儿来说,这种抗生素通常会在医院以静脉注射的方式给予。

呕吐

概述

一种通过鼻子和嘴巴强烈地排出胃内容物的表现,这是一种很多原因都会引起的常见症状。

你需要知道什么

- 迄今为止,最常见的容易导致呕吐的原因就是一种胃部的传染性细菌感染。
- 肠道外部感染,例如呼吸道感染(耳部感染、肺炎)、尿路感染或脑膜炎都可能会导致呕吐。(详见第279页的临床症状索引。)
- 婴儿经常吐奶。吐奶不是呕吐。吐奶时,胃部的东西会很容易吐出,而且会打嗝。
- 呕吐往往会导致脱水。
- 宝宝在出生后最初几个月内呕吐,一般会有一些潜在的原因:
  ——如果在每次喂食后15~30分钟后呕吐,他可能是患有幽门狭窄,在这种情况下，食物无法通过胃部进入小肠。这种情况需要手术治疗。

——胃部末端肌肉可能非常松弛或功能不良，也会导致胃食管反流（GER）的情况，这样会使胃部的东西返回到口腔内。这种情况有多种治疗方法（详见本章"胃食管反流（GER）以及胃食管反流症（GERD）"）。

必需品

● 体温计、清洁的液体如母乳或电解质溶液。

寻求专业人士的帮助

● 任何的呕吐状况持续24小时，或同时有困倦、易怒、腹部疼痛、高热或呼吸困难。
● 呕吐物出现血色或呈黄色或绿色的（被称为胆汁），超过1次或2次。
● 在喂食后短时间内宝宝出现强烈的呕吐。

注意哪些情况

关注脱水的征兆：无精打采、口腔干燥、双眼或囟门凹陷、哭泣时泪液缺失、尿量稀少。

治疗方法

● 当宝宝呕吐时要严密地看护，尤其是在宝宝不到5个月大时。如果持续呕吐，要联系宝宝的主治医生。
● 呕吐后的短时间内，每隔10分钟给宝宝喂食1茶匙至1大汤匙

(4.9~14.8毫升）的母乳或其他清洁的电解质溶液。你的医生会说明哪种电解质溶液最好。

- 逐渐地增加清洁液体的食用量。不要给他喂食鸡汤，鸡汤中所含的油脂可能不易被消化。
- 给宝宝喂食一天清洁的液体。然后，如果他吃辅食的话，可以给他一些易于消化的食物（苹果泥、干的土司、米饭、香蕉）。3天后恢复他的正常饮食。